INSECTE

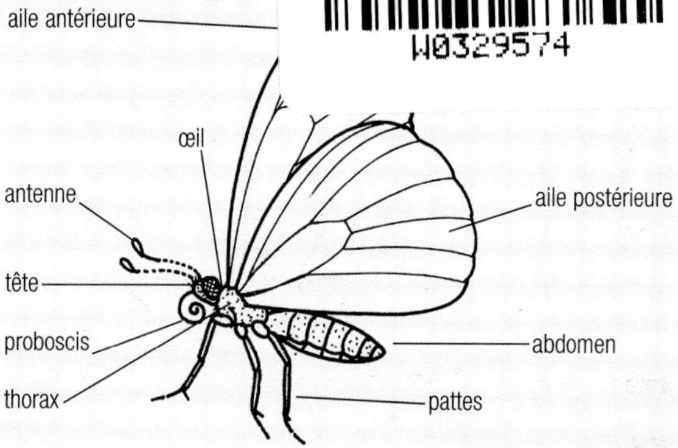

Araignée

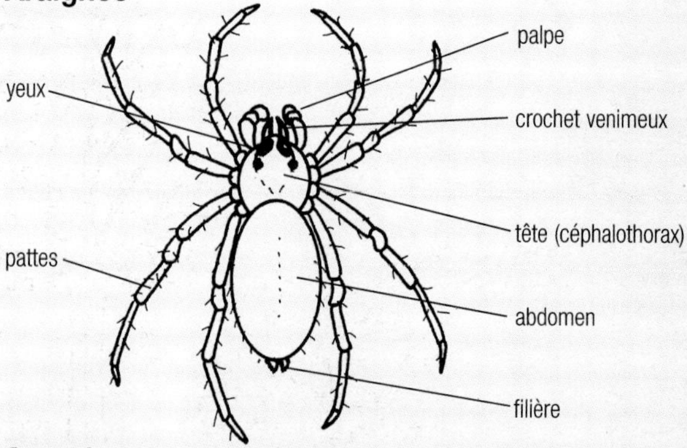

Scorpion

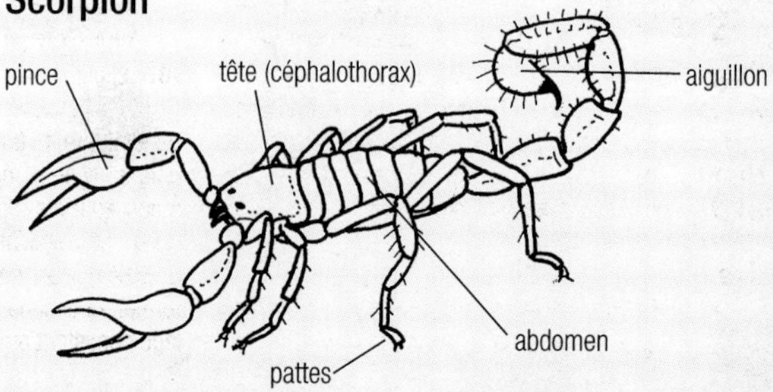

FAUNE ET FLORE MÉDITERRANÉENNES

Pamela Forey et Cecilia Fitzsimons

Adaptation française
de Paloma Cabeza-Orcel

GRÜND

AVERTISSEMENT

Si un animal ou une plante est dangereux de quelque façon que ce soit (qu'il morde, soit venimeux ou vénéneux), cette information est incluse dans le texte.

Prenez cet avertissement au sérieux.

GARANTIE DE L'ÉDITEUR
Malgré tous les soins apportés à sa fabrication, il est malheureusement possible que cet ouvrage comporte un défaut d'impression ou de façonnage. Dans ce cas, il vous sera échangé sans frais. Veuillez à cet effet le rapporter au libraire qui vous l'a vendu ou nous écrire à l'adresse ci-dessous en nous précisant la nature du défaut constaté. Dans l'un ou l'autre cas, il sera immédiatement fait droit à votre réclamation.
Librairie Gründ - 60, rue Mazarine - 75006 Paris

Adaptation française de Paloma Cabeza-Orcel
Texte original de Pamela Forey
Illustrations de Cecilia Fitzsimons
Révision : Serge Bovet
Secrétariat d'édition : Claire Forgeot

Première édition française 1996 par Librairie Gründ, Paris

ISBN : 2-7000-1933-4
Dépôt légal : mars 1996
Édition originale 1996 par Malcolm Saunders Publishing Ltd
sous le titre original *Mediterranean Life*

Photocomposition : Fakenham Photosetting, Grande-Bretagne
Imprimé en Espagne par Graficas Reunidas

Sommaire

Introduction

Ce guide traite de la flore et de la faune peuplant les régions qui jouxtent la mer Méditerranée. Plantes et animaux ont des origines diverses ; en effet, si d'aucuns sont étroitement apparentés à des espèces du centre et du nord de l'Europe, certains le sont à des espèces africaines, et d'autres encore — notamment ceux de la Méditerranée orientale — aux espèces asiatiques. Il résulte de tout cela une fascinante diversité de vies.

Ce livre est conçu comme une introduction à cette grande diversité ; comme nous n'espérions pas inclure toutes les espèces dans un ouvrage de cette taille, nous avons décrit la plupart des plantes et animaux les plus communs, et cité un certain nombre d'autres. Nous espérons que cela vous aidera à identifier la majorité des espèces animales et végétales que vous rencontrerez et vous donnera une idée sur les autres.

Nous nous sommes limités avant tout aux pays européens de la Méditerranée (y compris les îles) jusqu'à la Grèce et les Balkans, sans oublier d'inclure également quelques informations relatives au nord de l'Afrique. L'ambition de ce livre n'est pas de traiter de la vie marine méditerranéenne et des organismes vivant sur les plages. Pour plus d'informations sur les espèces européennes — oiseaux, mammifères, insectes, papillons, arbres, fleurs sauvages, etc. —, consultez les autres titres de cette série.

Comment utiliser ce manuel ?

Le livre est divisé en neuf sections. Les deux premières sont consacrées aux plantes et les sept autres aux animaux : arbres et arbustes ; plantes herbacées et bulbes ; oiseaux ; mammifères ; reptiles ; amphibiens ; insectes et autres arthropodes. Pour déterminer à quelle section appartient telle plante ou tel animal, lisez d'abord les informations du Guide d'identification puis consultez les pages concernées.

Guide d'identification

Avant tout, déterminez dans quelle section chercher la plante ou l'animal qui vous intéresse en lisant les descriptions suivantes :

Les **ARBRES** et **ARBUSTES** sont des plantes vivaces aux tiges et aux branches ligneuses. En général, la majorité des espèces d'arbres présente un tronc ligneux unique et des branches formant une cime. Les arbustes, quant à eux, possèdent plusieurs « troncs » qui se ramifient souvent près du sol. Les **Arbres** sont décrits pages 14-25 ; les **Arbustes** pages 26-42. Néanmoins, certaines espèces de petits arbres ou de grands arbustes chevauchent ces frontières. Ces cas particuliers sont indiqués dans le texte et rangés dans l'une ou l'autre section en fonction de leur aspect habituel.

Les **PLANTES HERBACÉES** (pages 43-56) n'ont pas de tiges ligneuses, mais des tiges tendres ou fibreuses. D'ordinaire plus petites que les arbustes ou les arbres, elles ne dépassent guère 2 m de haut, voire moins quelquefois. Il peut alors s'agir de plantes vivaces — qui sont rabattues par l'hiver — ou d'annuelles, qui poussent, fleurissent, grainent et meurent dans l'année. Cette section inclut aussi les graminées.

Les **Bulbes** (pages 57-59) recouvrent une classe particulière de plantes herbacées qui développent chaque année un organe souterrain — le bulbe, petite portion de tige souterraine entourée de feuilles charnues. Les plantes utilisent la nourriture stockée dans leur bulbe pour croître au cours de l'année suivante. Les plantes bulbeuses sont communes en Méditerranée ; elles produisent feuilles et fleurs au printemps, quand le sol est humide et qu'il ne fait pas trop chaud, puis flétrissent ; protégé par le sol, leur bulbe survit à l'été torride pour se réveiller au printemps suivant.

Les **OISEAUX** (pages 62-77) ont, pour mémoire, des plumes et des ailes et la capacité de voler. Ils pondent des œufs à coquille dure dans des nids et les couvent jusqu'à éclosion. Il existe d'innombrables oiseaux en Méditerranée ; certains y résident, d'autres y séjournent durant l'été ou l'hiver, d'autres encore, migrateurs, n'y font que passer. Nous avons présenté ici les oiseaux et familles d'oiseaux les plus communs et aisément identifiables ; pour une description plus détaillée, consultez le guide spécialisé dans cette collection.

Les **MAMMIFÈRES** (pages 78-86) sont également faciles à identifier comme tels ; ils sont couverts de fourrure ou de poils et allaitent leur petits. La Méditerranée renferme plus d'oiseaux que de mammifères, parmi lesquels beaucoup d'entre eux sont nocturnes et secrets, si bien qu'il n'est pas aisé de les observer. Nombre des mammifères communs en Europe se rencontrent également en Méditerranée.

Les **REPTILES** (pages 87-94) ont une peau sèche, rugueuse et couverte d'écailles. Ils pondent des œufs à coquille molle qu'ils ne couvent pas et ne prennent aucun soin des jeunes. Le climat chaud et sec de la Méditerranée convient aux reptiles qui y abondent, notamment les serpents, lézards et tortues.

Les **AMPHIBIENS** (pages 95-97) ont une peau lisse et dépourvue d'écailles. Grenouilles et salamandres ont la peau humide ; les crapauds ont une peau rugueuse et verruqueuse. Presque tous les amphibiens déposent leurs œufs dans l'eau où leurs jeunes (ou têtards) se développent.

Les **ARTHROPODES** sont un groupe d'animaux comprenant divers insectes — araignées, scorpions et mille-pattes —, tous présents en Méditerranée et décrits dans ce livre. Ils ont un corps segmenté recouvert par un squelette externe souple et des pattes articulées, d'où leur nom — du grec *arthron*, articulation, et *podos*, pieds.

Les **Insectes** (pages 98-117) incluent les papillons diurnes et nocturnes, les abeilles et les guêpes, les sauterelles et les phasmes, etc. Ils s'identifient par les trois parties de leur corps (tête, thorax et abdomen) : leur tête porte une seule paire d'antennes, et leur thorax, six pattes articulées. Beaucoup d'insectes adultes sont dotés d'une ou deux paires d'ailes. Il existe plusieurs milliers d'espèces d'insectes en Méditerranée ; pour ce livre, nous en avons sélectionné quelques-uns parmi les plus communs et les plus identifiables. Pour de plus amples informations sur les insectes d'Europe, consultez le livre spécialisé dans cette collection.

Les **Araignées** (pages 118-119) ont aussi un corps segmenté, mais seuls la « tête » (en réalité le céphalothorax, car tête et thorax sont soudés) et l'abdomen se distinguent. Elles possèdent quatre paires de pattes articulées et rattachées au céphalothorax, des crochets venimeux distinctifs et, sur l'abdomen, des filières fournissant la soie nécessaire à leurs toiles. Elles sont très nombreuses en Méditerranée ; certaines, parmi les plus connues et les plus dignes d'intérêt, figurent dans ce livre.

Les **Scorpions** (page 120), apparentés aux araignées, présentent comme elles une division bipartite du corps et quatre paires de pattes attachées au céphalothorax. Ils s'en distinguent par des pinces et un aiguillon renflé, venimeux, placé au bout d'un abdomen étroit s'arquant vers le haut.

Les **Mille-pattes** (page 121) ont un long corps plurisegmenté portant une paire de pattes par segment.

Lecture d'une page

Une fois que vous avez identifié la famille à laquelle appartient votre organisme, reportez-vous aux pages où les espèces représentatives de chaque famille sont décrites et illustrées. Comparez les informations des pages appropriées pour le reconnaître avec précision.

Le plus souvent, notamment dans les sections sur la flore, vous trouverez une espèce par page (parfois accompagnée d'une illustration portant sur une espèce apparentée et décrite dans le quatrième encadré). Certaines pages traitent d'une famille de plantes ou d'animaux, et non une espèce individuelle. Ainsi, pour les vipères, la description de leur famille sur une seule page vous aidera à mieux apprécier la diversité des vipères rencontrées en Méditerranée. Pour certaines grandes familles, ce principe a été élargi en consacrant deux pages aux seuls chiroptères (les chauves-souris) ou aux oiseaux de proie, par exemple.

Les quatre encadrés

Dans un grand nombre de pages, quatre encadrés fournissent des informations sur l'espèce ou la famille illustrée. Pour la flore, le premier encadré donne des précisions sur les tiges et les feuilles, tandis que le second détaille les fleurs et les fruits. En ce qui concerne la faune, le premier encadré fournit des détails permettant d'identifier l'animal, le second, des détails sur sa biologie, son mode de vie, sa nourriture, etc. Il renferme parfois quelques détails sur sa localisation géographique, qui est d'ordinaire toutefois indiquée dans le troisième encadré, avec la répartition de l'espèce ou de la famille. Une carte donne un aperçu immédiat de cette répartition (voir figure 2).

Figure 1. Page spécimen

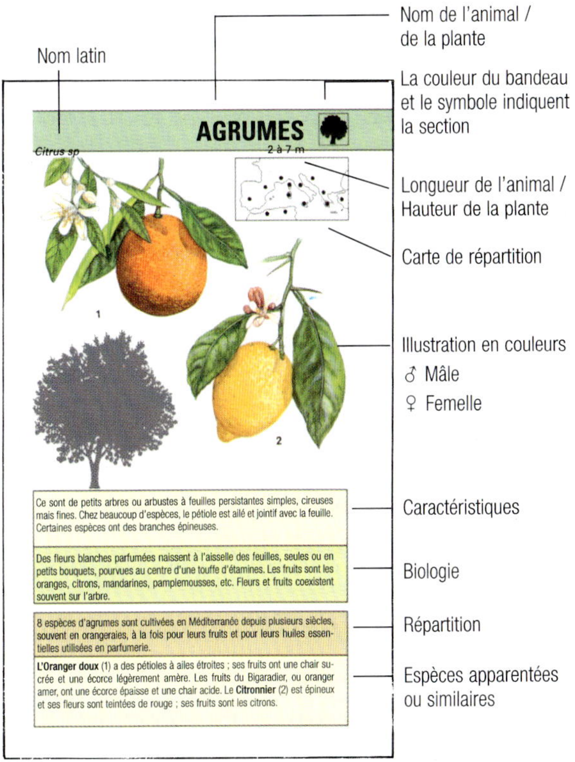

Figure 2. Carte de répartition de l'espèce

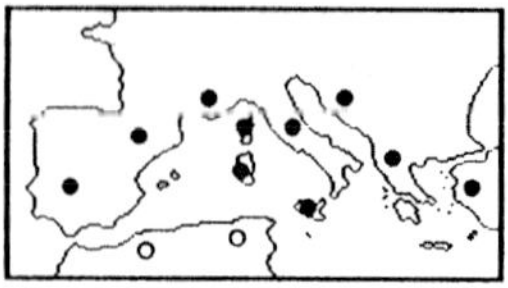

- ● Espèce ou famille commune, ou alors répandue dans cette zone.
- ○ Espèce ou famille moins fréquente, ou encore seulement trouvée dans une partie de la zone

Si la page décrit une famille, le quatrième encadré fournit des informations sur les diverses espèces la composant, sinon il renseigne sur les espèces apparentées ou similaires. Dans certains cas, les espèces apparentées sont aussi illustrées.

La hauteur de la plante ou la longueur de l'animal est précisée dans le bandeau figurant en haut de chaque page. La longueur d'un animal est celle de son corps, queue non comprise (ou alors spécifié).

Les habitats méditerranéens

Habituellement, la région méditerranéenne connaît des étés chauds et secs et des hivers secs et humides. Ce type de climat a déterminé les espèces de plantes pouvant s'y développer, et par suite les animaux qui y vivent.

Bois et forêts d'essences à feuillage persistant forment la couverture végétale naturelle rencontrée près des côtes s'étendant ponctuellement à l'intérieur des terres. Ils sont principalement constitués d'espèces telles que chênes verts, pins, arbousiers, oliviers, myrtes, lauriers, caroubiers, etc., dont les feuilles, épaisses et cireuses résistent bien aux pertes d'eau durant les étés chauds et secs.

Les bois et forêts d'essences à feuillage caduc se rencontrent plus avant dans les terres et sur les montagnes. Plus frais en été, les précipitations y sont plus abondantes en hiver. On y trouve notamment chênes pubescents, frênes à fleurs, micocouliers et charmes-houblon (*Ostrya carpinifolia*).

Dans maintes régions de la Méditerranée, les forêts ont été déboisées lors d'occupations humaines antérieures ; arbres abattus et végétation broutée par des chèvres et des moutons. Si le pâturage cesse, les plantes repoussent.

Le maquis. Quand cette couverture végétale secondaire s'est bien établie, les arbustes à feuillage persistant atteignent 2 à 5 m et forment des halliers denses et enchevêtrés couvrant souvent de vastes étendues : c'est le maquis. Il s'étend sur tout le pourtour méditerranéen, dont les espèces hautes et typiques sont le chêne kermès, la bruyère arborescente, le genévrier, l'olivier et l'arbre de Judée. Caroubiers, lentisques et myrtes sont souvent associés. Là où la végétation est plus basse, le maquis est dominé par les diverses espèces de cistes, le romarin et la lavande.

La garrigue. Quand la végétation secondaire est plus basse et plus clairsemée, les arbustes ne dépassent pas 1,50 m de haut dans les zones arides de roches nues et de sol pierreux. Cet habitat, appelé **garrigue** (*tomillares* en Espagne, *phrygana* en Grèce), est propre aux régions les plus chaudes et arides de la Méditerranée. Les arbustes y sont tous résistants à la sécheresse et souvent épineux, comme le sarcopotérium épineux, la passerine velue, le genêt épineux, les espèces basses de cistes, les thyms (surtout dans les tomillares espagnols) et certaines plantes basses du maquis comme le romarin, la sauge et la lavande. En fait, la distinction entre maquis et garrigue est artificielle, et beaucoup de plantes poussent indifféremment dans l'un ou l'autre ainsi qu'en sous-bois. Des bulbes et des plantes annuelles communes dans les steppes y poussent dans les zones caillouteuses entre les arbustes.

La steppe. Dans de nombreuses régions méditerranéennes, le pâturage des moutons et des chèvres a réduit la couverture végétale au strict minimum, et le paysage est principalement pierreux ou rocheux, juste recouvert d'une mince couche de terre. Les graminées, à l'instar de l'amourette et de l'égylops, y sont communes, tout comme les plantes annuelles et les bulbes. Les premières poussent au printemps, grainent avant que le soleil brûlant n'assèche la terre et survivent à l'été sous forme de graines. Les plantes bulbeuses, pour leur part, fleurissent également au printemps et survivent à l'été et à l'hiver sous forme de bulbes. Des bulbes comme l'asphodèle et la scille officinale, les membres de la famille de la carotte comme la férule odorante, les chardons, les trèfles et les luzernes sont typiques de la steppe.

Les terres cultivées. La terre est cultivée sur l'ensemble du pourtour méditerranéen. Les oliveraies sont les plus fréquentes, mais on rencontre aussi des vignobles et des vergers d'agrumes ainsi que des terres arables où l'on cultive céréales et légumes. Une grande quantité de plantes sauvages colonisent le sol sous les arbres ou les ceps de vignes, la plupart fleurissant au printemps quand le sol est humide, tels les anémones, orchidées, coquelicots et marguerites.

Terres en friche, bas-côtés et terrains vagues. Comme ailleurs en Europe, les plantes poussent où elles peuvent, colonisant rapidement les champs laissés à l'abandon, les bords des routes et les terrains vagues. Certaines, comme le fenouil, les vesces ou les chardons, sont des plantes de garrigue ou de steppe. D'autres, comme la momordique, sont propres à ces terrains. Beaucoup de plantes étrangères (venues notamment du continent américain), introduites comme plantes cultivées ou ayant prospéré à la façon des mauvaises herbes, se sont acclimatées à la Méditerranée et y poussent à l'état sauvage. Entre autres, on dénombre l'agave, le figuier de Barbarie, le mimosa et le bouton d'or des Bermudes.

PIN PARASOL ou PIN PIGNON

30 m *Pinus pinea*

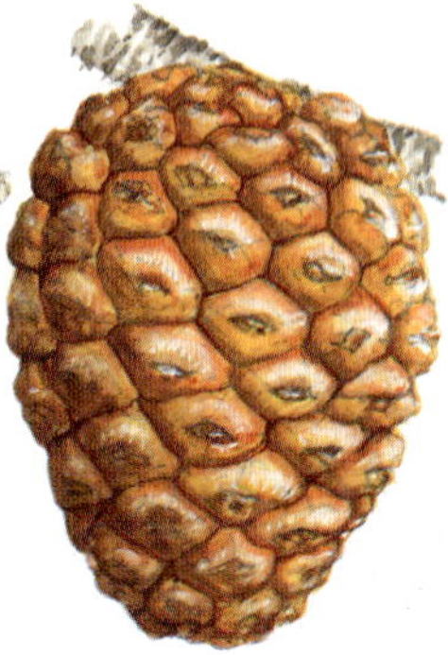

C'est un conifère de taille moyenne, à cime large, dont les branches rayonnent comme un parasol. L'écorce se fend et s'écaille en laissant apparaître des taches brun orangé. Les feuilles sont des aiguilles souvent vrillées, longues de 8 à 15 cm, assez fines et rigides, réunies par deux.

Les cônes (10 x 10 cm), d'un rouge brun vif, sont grands et presque ronds une fois ouverts. Les graines comestibles, grosses et charnues, mûrissent la troisième année : ce sont les pignes.

Il forme des bois clairsemés près des côtes ainsi qu'en terrains sableux et dans les vallées fluviales de l'intérieur des terres. On le rencontre sur le pourtour de la Méditerranée, depuis le Portugal et l'Espagne jusqu'au Liban.

L'un des nombreux pins de Méditerranée avec le **Pin d'Alep** et le Pin maritime. Ce dernier pousse sur les dunes et les collines sablonneuses près de la mer ; les vieux sujets ont des troncs nus et des branches érigées formant une large cime aplatie. Les aiguilles sont très longues et rigides ; les graines des cônes sont ailées.

PIN D'ALEP

Pinus halepensis 20 m

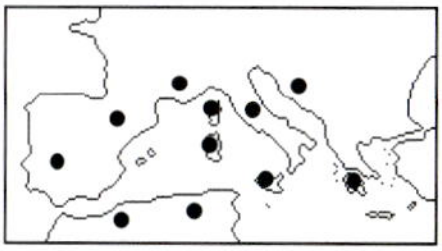

Ce conifère, de taille moyenne, possède un tronc robuste aux branches torses formant un dôme. L'écorce gris argenté des sujets jeunes devient brun pourpre et se couvre par endroits de crevasses orangées. Les feuilles sont des aiguilles vert vif, longues de 6 à 9 cm, vrillées, flexibles, réunies par paires.

Les cônes ovoïdes et pendants sont réunis par deux ou trois sur des pédoncules épais. Leur couleur est d'un brun rouge violacé et vif. Les graines sont ailées.

Il est présent sur les collines et terrains rocheux près de la mer, autour de la Méditerranée, il forme de vastes forêts, seul ou avec d'autres essences.

Les Sapins de Grèce sont de grands conifères droits peuplant les forêts des montagnes grecques. Les sapins se distinguent des pins par leurs feuilles : leurs aiguilles poussent, uniques et séparées, tout autour des rameaux – ni par deux ni en bouquets. Deux lignes blanches strient le dessous de chaque aiguille.

CYPRÈS COMMUN

30 m *Cupressus sempervirens*

Avec son feuillage dense et son port érigé, ce grand conifère existe sous deux formes : à port pyramidal ou en colonne ; toutes deux à feuilles écailleuses vert sombre se chevauchant et enserrant étroitement des tiges très divisées. Les feuilles sont arrangées en quatre rangées.

Les cônes globulaires mesurent 2 à 4 cm de large. Chaque cône n'a que quelques écailles ; chaque écaille porte une bosse centrale distincte. D'abord verts, les cônes virent au jaune puis sont de nouveau verts la seconde année.

La forme pyramidale, originaire du sud-est de l'Europe et de la Méditerranée orientale (Grèce à Asie Mineure), pousse sur les collines et les montagnes côtières. La forme en colonne est cultivée dans toute la Méditerranée.

La **forme pyramidale** (1), aux branches massives qui s'évasent, est la variété sauvage. La **forme en colonne** (2), très élancée et souvent plantée comme arbre d'ornement, constitue un élément très caractéristique du paysage méditerranéen.

ARBOUSIER COMMUN

Arbutus unedo 10 m

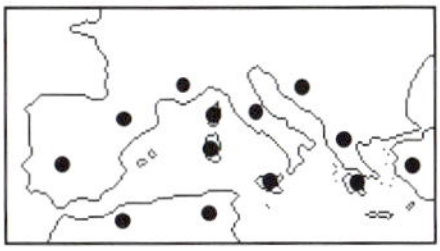

Petit arbre ou arbuste à feuillage persistant aux branches érigées et à cime arrondie, doté d'un tronc recouvert d'une écorce brune fissurée. Les feuilles, de 4 à 10 cm de long, luisantes et cireuses, sont elliptiques. Les bords sont en dents de scie, leur dessus est vert sombre, le dessous, plus pâle.

Les fleurs en urne, de teinte blanc crème, éclosent en automne en bouquets pendants, parmi les fruits de l'année précédente. Les fruits (ou arbouses), baies rondes verruqueuses, sont de couleur jaune virant au rouge.

Il pousse dans les bois et halliers d'essences à feuillage persistant, dans le maquis et les régions rocheuses, principalement en sols acides, de l'Espagne à la Turquie. On le cultive comme arbre d'ornement.

L'Arbousier des Balkans croît en Grèce et en Turquie, dans le maquis, les bois et les halliers. Il possède des feuilles gris vert, non dentées, et une écorce lisse et rouge, qui pèle. Les fleurs arrangées en bouquets dressés sont suivies de fruits jaunes.

CHÊNE VERT ou YEUSE

25 m *Quercus ilex*

Il s'agit d'un arbre moyen à grand, à feuillage persistant et au port étalé. Son écorce grise s'écaille par plaques ; ses bourgeons et rameaux sont feutrés de gris ; ses feuilles sont oblongues à lancéolées, aux bords lisses ou dentés, épaisses et cireuses, au dessus glabre vert sombre et au dessous feutré de gris.

Les fleurs éclosent au printemps ; les fleurs mâles en bouquets de chatons ballants, et les femelles, minuscules, font place, en été, à de petits glands insérés dans une cupule hémisphérique couverte d'écailles velues triangulaires.

Peuplant tout le pourtour méditerranéen, on le rencontre dans le maquis ou les régions pierreuses et sèches, sur les collines et les pentes, formant des forêts et des bois clairsemés ou poussant isolément.

Le **Chêne Kermès**, parmi les nombreux chênes de la Méditerranée, est similaire, mais ses feuilles sont luisantes sur les deux faces. Le Chêne portugais a des feuilles semi-persistantes à bords ondulés qui tombent tardivement. Il pousse dans les bois, au flanc des collines et montagnes de la péninsule Ibérique, de l'Afrique du Nord et des îles Baléares.

AUTRES CHÊNES

1

2

3

Chêne-liège (1)
Arbre à l'écorce grise très épaisse, rugueuse et fissurée (la source du liège), il atteint 15 m. Ses feuilles persistantes sont coriaces, simples, parfois à bords épineux, à dessus vert sombre et dessous feutré de gris. La cupule de gland est grise et laineuse. Il pousse dans les sols siliceux, les bois clairsemés, les forêts et maquis, et près de la mer. Il peuple la Méditerranée occidentale, de l'Espagne à l'Italie et à la Sicile.

Chêne Kermès (2)
Buisson dense ou petit arbre, il atteint 2 m. Ses feuilles, persistantes, rappellent celles du houx. Ses cupules de glands portent de courtes écailles épineuses. Les glands mûrissent au cours de la deuxième année. Présent dans toute la Méditerranée, dans les bois clairsemés et secs, le maquis et la garrigue.

Chêne pubescent (3)
C'est un grand arbre au tronc robuste, aux feuilles caduques et ondulées, comportant 5 ou 7 lobes arrondis, très laineuses quand elles sont jeunes. La cupule de glands, qui est presque dépourvue de pédoncule, présente des écailles serrées et feutrées. Les glands sont mûrs dans l'année. Cette espèce domine les terres au sud de l'Europe, formant halliers et forêts clairsemés sur les versants arides.

OLIVIER

2 à 10 m

Olea europaea

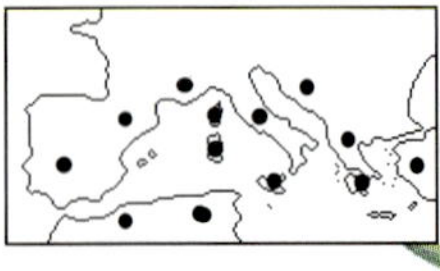

Ce petit arbre à feuillage persistant devenant noueux et tordu avec l'âge, au tronc épais, souvent divisé, est recouvert d'une écorce grise et fissurée. Ses feuilles coriaces, oblongues à lancéolées, de 4 à 10 cm de long, sont opposées deux à deux ; le dessus est gris-vert sombre, le dessous d'un blanc soyeux.

Les fleurs odorantes en bouquets naissent en mai ou juin à l'aisselle des feuilles. Chaque fleur possède quatre lobes blanc-jaune se rejoignant en un tube court. Les fruits comestibles – les olives – sont charnus et huileux, verts tirant sur le noir violacé en octobre-décembre, époque de la maturité.

Les oliviers sont cultivés pour leurs fruits dans des oliveraies, tout autour de la Méditerranée.

L'Olivier sauvage est un arbuste épineux aux nombreuses branches, aux feuilles elliptiques plus petites et aux petits fruits amers non comestibles. Il pousse tout autour de la Méditerranée, sur les collines rocheuses et pierreuses, dans le maquis, la garrigue et les bois.

AGRUMES

Citrus sp. 2 à 7 m

1

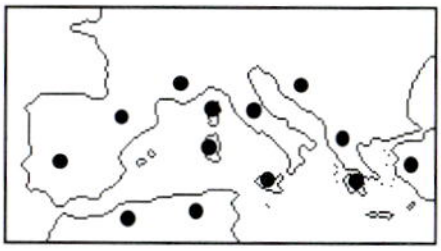

2

Ce sont de petits arbres ou arbustes à feuilles persistantes simples, cireuses mais fines. Chez beaucoup d'espèces, le pétiole est ailé et jointif avec la feuille. Certaines espèces ont des branches épineuses.

Des fleurs blanches parfumées naissent à l'aisselle des feuilles, seules ou en petits bouquets, pourvues au centre d'une touffe d'étamines. Les fruits sont les oranges, citrons, mandarines, pamplemousses, etc. Fleurs et fruits coexistent souvent sur l'arbre.

8 espèces d'agrumes sont cultivées en Méditerranée depuis plusieurs siècles, souvent en orangeraies, à la fois pour leurs fruits et pour leurs huiles essentielles utilisées en parfumerie.

L'**Oranger doux** (1) a des pétioles à ailes étroites ; ses fruits ont une chair sucrée et une écorce légèrement amère. Les fruits du Bigaradier, ou oranger amer, ont une écorce épaisse et une chair acide. Le **Citronnier** (2) est épineux et ses fleurs sont teintées de rouge ; ses fruits sont les citrons.

AUTRES ARBRES

Platane d'Orient (1)
Ce grand arbre (30 m) à cime irrégulière possède un tronc tordu dont l'écorce s'écaille. Ses branches massives, les plus basses, touchent terre. Il a de grandes feuilles caduques (18 x 18 cm), jaune vert, palmées, à lobes profonds et irréguliers. Les fleurs sont groupées en tête globulaire au bout d'un long pédoncule, mâles (jaunes) et femelles (rouges) séparées ; fruits globulaires poilus et pendants. Il pousse presque partout en Méditerranée, au bord des ravins, des berges fluviales, des bois humides et le long des rues.

Châtaignier (2)
Grand arbre (10 à 30 m) dont l'écorce aux fissures profondes s'enroule souvent le long du tronc. Feuilles caduques de 10 à 25 cm, oblongues à lancéolées, bordées de dents épineuses. Les fleurs éclosent en juilllet sur des chatons dressés, jaunes. Les fleurs femelles sont rares à la base du chaton, les mâles en formant l'essentiel. Les fruits marron, brillants, se trouvent dans une bogue verte et épineuse (ou châtaignes). De l'Espagne et la France à la Grèce et ses îles, dans les bois d'essences à feuillage caduc, en montagne comme en vallée, dans des sols plutôt non calcaires. Également cultivé.

Frêne à fleurs (1)
Cet arbre petit à moyen (20 m), à cime arrondie, à l'écorce grise et lisse, est doté de feuilles caduques, grandes (30 cm), comportant une foliole principale et 4 à 8 folioles latérales, opposées. De grands bouquets de fleurs blanc crème au parfum sucré, à quatre pétales filiformes, s'étagent en pyramides. Des fruits ailés tombent en gros bouquets pendants. Pousse dans les terres, les bois d'essences mixtes à feuillage caduc, les haies, surtout en sols calcaires. On le rencontre du nord de l'Espagne et de la France à la Turquie et au Liban.

Micocoulier (2)
Cet arbre de taille petite à moyenne (25 m), à la cime arrondie, présente une écorce lisse et grise. Ses feuilles caduques lancéolées, au bout effilé et recourbé et à la base arrondie, sont bordées de dents pointues et acérées. Les fleurs vertes éclosent à l'aisselle des feuilles, en avril ou en mai, au bout d'un long pédoncule. Les fruits globulaires charnus, brun-rouge, mûrissent en septembre. On le rencontre depuis le Portugal jusqu'aux Balkans, dans les bois et les forêts clairsemés d'essences à feuilles caduques, les haies, sur les talus et le long des routes.

AUTRES ARBRES

Amandier (1)
C'est un petit arbre buissonneux (10 m), à l'écorce sombre, aux feuilles caduques, oblongues à lancéolées, à l'extrémité pointue, bordées de petites dents arrondies. Au printemps, avant les feuilles, ses fleurs sont rose vif. Ses fruits cireux et veloutés s'ouvrent en deux à maturité, révélant la noix de l'amande. Il est très répandu en Méditerranée. Les espèces cultivées ont plutôt des amandes douces, les espèces semi-sauvages, aux branches épineuses, des amandes amères et vénéneuses. Ces derniers poussent dans les haies, les halliers et sur les sols incultes.

Figuier (2)
Petit arbre (2 à 5 m) aux robustes branches grises dont les blessures exsudent une sève laiteuse, il est doté de feuilles caduques longues de 10 à 20 cm comportant 3 à 7 lobes arrondis, au dessus rêche, vert sombre, et au dessous velu. Les fleurs naissent dans un réceptacle charnu en forme d'urne, suivies de gros fruits également charnus, mais en forme de poire (les figues) contenant une multitude de tout petits pépins durs. Il est cultivé dans toute la Méditerranée. Les figuiers sauvages sont des arbustes désordonnés, poussant dans les bois clairsemés, les halliers, la garrigue et les zones rocheuses.

Caroubier (1)
Cet arbre à cime étalée, haut de 7 à 10 m, au tronc solide, donne des feuilles persistantes cireuses, comportant 2 à 5 paires de folioles ovales, au dessus luisant vert sombre et au dessous plus clair. Les fleurs jaune verdâtre, dépourvues de pétales, sont groupées en bouquets naissant sur le tronc et le vieux bois, suivies de gousses plates comestibles à l'aspect de cuir (les caroubes). Elles pendent des branches et atteignent 20 cm de long. Très cultivé, il peuple les zones rocheuses près des côtes ainsi que le maquis, et cela dans toute la Méditerranée.

Arbre de Judée (2)
Petit arbre ou arbuste atteignant 10 m, il est doté d'un ou plusieurs troncs aux branches érigées. Ses feuilles caduques en forme de rein arrondi, glabres, à bords lisses, bleu-vert dans sa jeunesse, puis vert sombre sur le dessus et vert plus clair dessous. Les fleurs rose vif violacé éclosent au printemps, avant les feuilles, en bouquets voyants sur le tronc et les branches, suivies en été par des gousses plates brun rouge. Sur les collines rocheuses, les pentes caillouteuses, le maquis, les bois et les broussailles. Originaire de la Méditerranée orientale, de la Grèce à la Palestine, il est implanté dans le reste de la Méditerranée.

LAURIER NOBLE OU LAURIER-SAUCE

20 m *Laurus nobilis*

Ce buisson ou arbre très ramifié, à l'écorce noire, est doté de feuilles persistantes coriaces, vert sombre, lancéolées, de 8 à 10 cm de long, aux bords légèrement ondulés, aromatiques une fois froissées. Les sujets mâles et femelles sont des plantes distinctes.

À l'aisselle des feuilles, les fleurs forment au printemps de petits bouquets. Chaque fleur est composée de quatre petits pétales jaunâtres soudés à la base et de 8 à 12 étamines (mâles) ou d'une ovaire et de 2 à 4 étamines (femelles) stériles. Les sujets femelles donnent des baies noires.

On le rencontre dans les haies, sur les vieux murs, dans les ravins, les bois détrempés et les halliers. Cultivé comme arbre d'ornement et plante condimentaire, il croît dans toute la Méditerranée.

On ne lui connaît pas d'espèce similaire.

FILAIRE À LARGES FEUILLES

Phillyrea latifolia 6 à 8 m

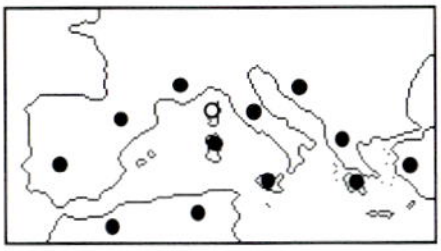

Arbuste ou petit arbre à cime dense et arrondie, à l'écorce lisse et grise, il porte des feuilles persistantes lancéolées, ovales ou elliptiques, atteignant 4 cm de long, cireuses, vert sombre et luisant sur le dessus, plus clair au dessous, bordées de dents épineuses et opposées deux à deux.

Naissant à l'aisselle des feuilles, en avril-mai, les fleurs sont groupées en bouquets. Odorantes, d'un blanc verdâtre, chacune est formée de quatre pétales-lobes d'où émergent deux étamines et un pistil. Elles sont suivies par des baies charnues, bleu noir, mûrissant en septembre ou octobre.

Très commun dans le maquis, on le rencontre aussi dans les bois d'essences à feuillage persistant, sur les collines arides, en sols habituellement crayeux ou calcaires. Il peuple tout le pourtour méditerranéen.

C'est l'une des trois espèces très similaires peuplant la Méditerranée, aux habitats semblables. Les jeunes rameaux de la **Filaire à larges feuilles** sont feutrés. *P. angustifolia* a des feuilles étroites, non dentées, et des jeunes pousses glabres. Les feuilles ovales de *P. media* présentent des bords finement dentés.

LENTISQUE ou ARBRE-MASTIC
1 à 3 m *Pistacia lentiscus*

1

Cet arbuste à port étalé, très ramifié, rappelle le frêne, bien qu'il ait une forte odeur résineuse et âcre. Ses feuilles vert foncé, persistantes et cireuses, sont pennées et composées de 3 à 6 paires de folioles larges lancéolées ; les pétioles sont ailés.

Les petites fleurs mâles et femelles éclosent de mars à juin sur des plantes distinctes, en épis denses et dressés. Les fleurs mâles ont des anthères rouge vif, celles des femelles sont brunâtres. Les fruits, baies rouges de la taille d'un pois, deviennent noires en mûrissant.

Il est commun dans le maquis et les halliers, mais également sur les pentes pierreuses, les bois et la garrigue. On le rencontre tout autour de la Méditerranée.

Le **Térébinthe** est une espèce apparentée, à feuillage caduc, également résineuse. Ses feuilles, composées de 9 à 11 folioles, sont beaucoup plus grandes (8 cm), et leurs pédoncules ne sont pas ailés. Du mois d'avril au mois de juillet, les fleurs éclosent en bouquets terminaux lâches. Il pousse dans le maquis, les bois, et sur les collines dans toute la Méditerranée.

MYRTE

Myrtus communis

2 à 3 m

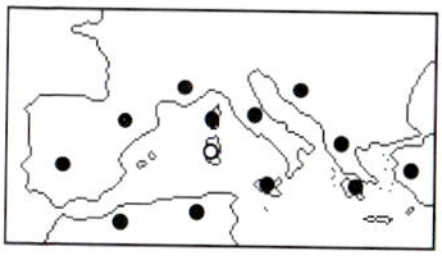

Les feuilles ovales, opposées, de cet arbuste dense au feuillage persistant et aromatique de 2 à 3 cm de long, sont pointues au bout, coriaces et luisantes, d'un vert très sombre.

Les fleurs blanches, solitaires, éclosent de mai à juillet au bout de longs pédoncules naissant à l'aisselle des feuilles. Chacune mesure jusqu'à 3 cm de diamètre, comporte 5 pétales et de nombreuses étamines spectaculaires groupées au centre. Les fruits sont des baies noires.

Il pousse dans les halliers, le maquis, les pinèdes et les sols pierreux. Souvent cultivé, il se ressème librement. On le rencontre dans toute la Méditerranée.

Le Grenadier est un parent éloigné de la Myrte, cultivé en Méditerranée et poussant parfois à l'état sauvage. C'est un arbuste épineux aux feuilles caduques, luisantes, lancéolées, se parant en été de fleurs écarlates en forme de cloche. Les fruits, remarquables, ont une écorce dure brun-jaune renfermant une chair pulpeuse et de nombreuses graines.

LAURIER-ROSE

2 à 5 m

Nerium oleander

Robuste arbuste ou petit arbre contenant un suc laiteux, ses feuilles persistantes, coriaces, gris vert, s'opposent deux à deux ou sont réunies par trois ; lancéolées, elles atteignent 10 à 20 cm de long. Les fleurs, parfumées, éclosant en été, forment des bouquets terminaux.

Les fleurs rose vif, parfois blanches, atteignent 3 à 5 cm de diamètre. Leur corolle en entonnoir est formée de 5 lobes larges qui vont en s'évasant, chacun portant à la base une écaille divisée en lobes aigus. Les longs fruits cylindriques s'ouvrent pour révéler la présence de graines dotées d'une aigrette.

Il est présent dans les ravins, au bord ou dans le lit asséché des cours d'eau, sur les rives des fleuves et les bas-côtés des routes. On le rencontre dans toute la Méditerranée.

Malgré sa haute toxicité, il est également cultivé comme plante d'ornement. Certaines variétés cultivées donnent naissance à des fleurs doubles.

ARBRE À PERRUQUES

Cotinus coggygria 3 m

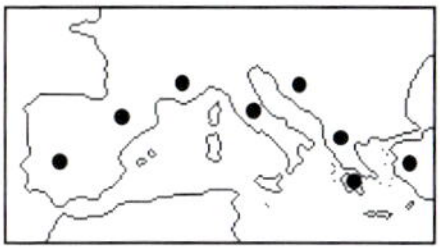

Cet arbuste dense au port étalé porte des feuilles caduques, simples, grossièrement arrondies ou ovales, de 4 à 7 cm, et dotées d'un long pétiole. D'un bleu-vert terne, elles sentent la térébenthine.

Les inflorescences à 5 pétales, groupées en grands bouquets coniques, éclosent de mai à juillet. Jaunâtres, puis rosés et plumeux, les bouquets qui s'élargissent prennent l'allure de perruques gris violacé ponctuées de quelques fruits marrons, globulaires et luisants.

Il pousse en sols calcaires, dans les bois clairsemés et les halliers, le maquis, les pentes caillouteuses et les terrains rocheux. On le rencontre de l'Espagne à la Syrie.

Le Sumac est un arbre buissonneux apparenté atteignant 3 m de haut, à sève laiteuse, aux feuilles pennées comprenant 7 à 15 folioles dentées et velues. Les fleurs blanches, groupées en longs bouquets denses, éclosent en été. Il pousse dans les halliers et les bois clairsemés, généralement en sols crayeux, de l'Espagne à la Palestine et à l'Égypte.

BRUYÈRE EN ARBRE

1 m

Erica arborea

1

Cet arbuste haut, très ramifié, a des branches couvertes de minuscules feuilles persistantes en aiguilles longues de 3 à 5 mm. Vert sombre et lisses, elles naissent par bouquets de quatre. Leurs bords sont enroulés vers le bas. Les jeunes rameaux sont couverts d'un duvet blanc et dense.

Les nombreuses petites fleurs blanches sont en forme de clochette. Formées de quatre pétales soudés, elles renferment des anthères brun foncé. Elles éclosent de mars à mai en amas nombreux et denses couvrant l'extrémité des rameaux.

Elles peuplent les sols acides, dans le maquis, la lande, les talus, et sous le couvert des bois d'essences à feuillage persistant. L'espèce est dominante en Méditerranée occidentale et s'étend jusqu'à l'est de la Turquie.

***Erica multiflora* (1)**, l'une des diverses bruyères poussant en Méditerranée, similaire bien que plus petite, porte des fleurs rose vif. Elle croît dans les bois d'essences à feuillage persistant et dans le maquis, généralement sur la craie. On la rencontre de l'Espagne à la Dalmatie.

GENÉVRIER DE PHÉNICIE

Juniperus phoenicea 4 à 8 m

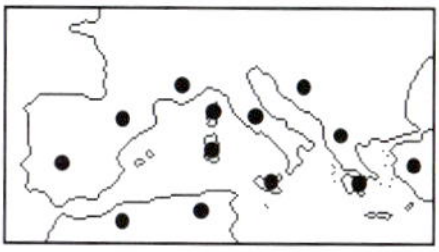

1

Ce conifère est vert foncé, à port d'arbuste ou de petit arbre. Le vieux bois est densément recouvert de minuscules feuilles écailleuses ovales qui se chevauchent, mais les feuilles des jeunes pousses sont linéaires, très pointues, à bords membraneux présentant une bande blanche sur le dessous.

Le cône globulaire, de 8 à 14 mm de diamètre, rappelle une baie ; d'abord noir, il devient vert jaune en mûrissant, puis rouge foncé la seconde année. Il est toxique.

Présent sur tout le pourtour méditerranéen, notamment près de la mer, on le rencontre dans les régions rocheuses, les collines arides, le maquis et la garrigue.

Le **Genévrier Cade** (1) porte des feuilles épineuses. Il pousse dans les zones rocheuses, le maquis, la garrigue et les zones sableuses côtières de toute l'aire méditerranéenne. Mâles et femelles sont des pieds distincts ; les pieds femelles portent des cônes globulaires semblables à des baies de 6 à 15 mm de diamètre, brun-rouge à maturité.

CISTES

30 cm à 2,50 m *Cistus sp.*

1

2

Cette famille compte environ 16 espèces d'arbustes petits à grands, très ramifiés, au port étalé ou érigé, à feuilles opposées et aux fleurs remarquables. Beaucoup sont aromatiques, d'autres pratiquement inodores. Certains sont collants au toucher.

Les grandes fleurs d'églantine éclosent en été, isolées ou en petits bouquets, et ne durent qu'un jour. Elles comportent 5 pétales souvent fripés, blancs, pourprés ou roses, parfois marqués d'une tache pourpre à la base. La floraison est abondante et prolongée.

Ils peuplent de vastes zones de maquis et de garrigue partout en Méditerranée. Ils sont présents en zones arides, sur les collines, les pentes pierreuses, les pinèdes et les halliers. Certains sont cultivés comme arbustes d'ornement.

Le **Ciste de Montpellier** (1), avec 1 m de haut, aux branches poisseuses et à l'odeur puissante, couvre de grandes portions de garrigue en Méditerranée occidentale. Le **Ciste velu** (2), quant à lui, est son homologue à l'est. Le Ciste ladanifère est un arbuste haut, poisseux, à grandes fleurs blanches à œil rouge, poussant en France et dans la péninsule Ibérique.

SAUGE OFFICINALE

Salvia officinalis 70 cm

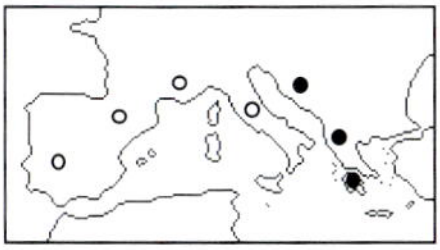

1

C'est un sous-arbrisseau aromatique aux tiges quadrangulaires relativement étalées, aux épaisses feuilles ridées grisâtres, opposées deux à deux. Ses feuilles, oblongues et lancéolées, ont des bords finement dentés ; ses tiges et ses feuilles sont feutrées de gris.

Les fleurs pourpre clair, groupées en verticilles rassemblés en épis terminaux peu denses, éclosent en été. Chacune, de 2 à 3 cm de long, est bilabiée ; la lèvre supérieure est raide et recourbée en faux, la lèvre inférieure, trilobée. Le calice en clochette, à 5 dents pointues, est velu.

On la rencontre dans la garrigue, les pâturages pierreux, sur les talus secs de la Méditerranée orientale, et sur de vastes zones situées dans certaines parties des Balkans. L'espèce est ailleurs cultivée comme herbe condimentaire.

Il y a diverses espèces en Méditerranée. Si la Sauge à feuilles trilobées est similaire, ses feuilles n'ont que trois lobes. La **Sauge sclarée** (1) est une sauge bisannuelle aromatique qui pousse sur les talus secs, les chemins et les rochers de l'Europe méditerranéenne. Les fleurs blanches lavées de violet, en longs épis ramifiés, portent des glandes visqueuses très parfumées.

LAVANDE STÉCHADE

30 à 80 cm *Lavandula stoechas*

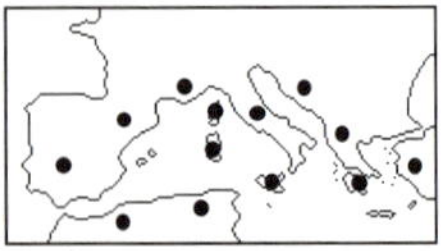

Ce petit arbuste ramifié, à port érigé, de couleur grisâtre et à l'odeur aromatique caractéristique de lavande, porte des feuilles persistantes linéaires et douces, feutrées de blanc, poussant opposées deux à deux sur des tiges quadrangulaires.

Verticilles de fleurs bilabiées rouge sombre violacé, groupés en denses épis terminaux , quadrangulaires, éclosant d'avril à juin. Chaque branche est terminée par plusieurs grandes bractées membraneuses de couleur pourpre. Les fleurs sortent de bractées parcheminées gris pourpré.

On le trouve dans les sols siliceux, la garrigue, le maquis, les bois clairsemés, les halliers, les zones pierreuses et arides, les coteaux secs et les prés pierreux. Cultivé comme plante ornementale, il s'étend à toute l'aire méditerranéenne.

C'est l'une des diverses espèces de lavandes en Méditerranée. La **Lavande à feuilles dentées** (1), identique, a néanmoins ses feuilles aux bords dentés, enroulées vers l'intérieur. Ses épis floraux sont moins importants, avec des bractées ovales plus petites aux extrémités.

ROMARIN OFFICINAL

Rosmarinus officinalis 2 à 3 m

Cet arbuste aromatique, dense, très ramifié, à tiges quadrangulaires, a des feuilles persistantes, étroites et coriaces, de 2 à 3 cm de long, opposées deux à deux et aux bords enroulés vers le haut. Elles ont une odeur caractéristique. Le dessus est vert sombre, le dessous, blanc et velu.

Les fleurs bilabiées lilas pâle, groupées en petits bouquets à l'aisselle des feuilles, éclosent tout au long de l'année. La lèvre supérieure en capuchon est érigée ; la lèvre inférieure comporte 3 lobes qui vont en s'évasant. Les étamines et le pistil lilas se projettent hors de la fleur.

Présent dans le maquis et la garrigue, sur les collines rocailleuses et arides, les zones rocheuses, dans les bois clairsemés, souvent près de la mer. Cultivé comme herbe culinaire, il pousse tout autour de la Méditerranée.

L'Hysope est une plante arbustive similaire, petite (60 cm), ramifiée, aux feuilles étroites presque glabres. Les fleurs bilabiées bleu violacé, groupées en épis, éclosent en été. Elle pousse partout dans l'ouest de l'Europe méditerranéenne, sur les terrains pierreux et secs et les talus.

GENÊT D'ESPAGNE

1 à 3 m *Spartium junceum*

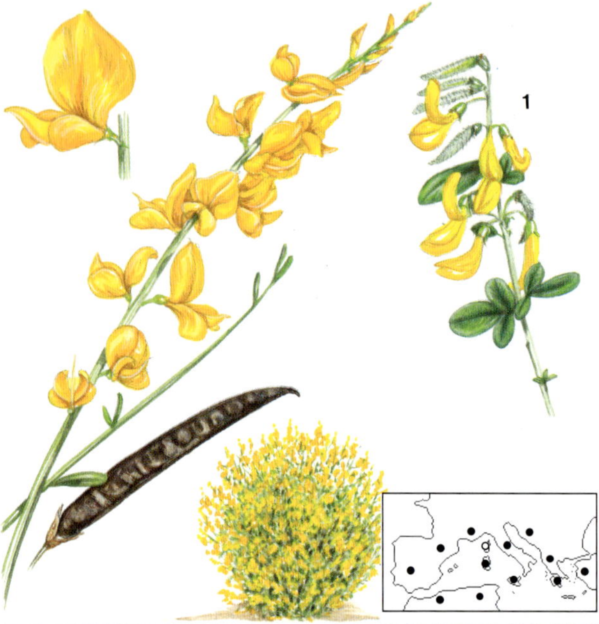

Arbuste aux rameaux érigés, lisses, bleu-vert, il rappelle le jonc. Les rares feuilles sont petites et tombent rapidement. Ses fleurs, groupées en épis terminaux, donnent une floraison jaune spectaculaire en été.

Les fleurs sont grandes (2 cm) et très parfumées, pareilles à celles des pois, avec un grand pétale rond à l'arrière. Elles sont suivies par de grandes gousses aplaties (6 à 8 cm), noires à maturité, naissant d'un calice fendu et parcheminé. Se révèlent toxiques, surtout les fleurs et les gousses.

Présent dans le maquis et la garrigue, sur les collines et les pentes arides, dans les bois, en sols plutôt calcaires, notamment crayeux, il pousse partout en Méditerranée. On le cultive aussi comme arbre d'ornement.

Il existe une vingtaine d'espèces de genêts en Méditerranée, toutes à fleurs papilionacées jaunes ou blanches, à port érigé ou prostré, souvent très ramifiées. Beaucoup ont des feuilles petites, étroites ou trifoliées comme le **Cytise velu** (1), d'autres sont presque dépourvues de feuilles. Certaines espèces, tel le Genêt épineux, *Genista scorpius*, sont pourvues d'épines.

AUTRES ARBUSTES

Paliure épine-du-Christ (1)
Cet arbuste épineux très ramifié (2 à 3 m), a de longues branches flexibles assez pleureuses, en zigzag. Ses feuilles vert pâle de 2 à 4 cm, alternes sur deux rangs, ovales à bout pointu, luisantes, comportent deux épines à la base, l'une longue et droite, l'autre courte et recourbée. En été, ses bouquets de minuscules fleurs jaune vert à 5 pétales éclosent à l'aisselle des feuilles, suivies de disques aplatis, secs, à bords larges côtelés et ondulés. Il croît dans le bois, le maquis, la garrigue et les bas-côtés. Il prospère de la France à la Palestine.

Nerprun alaterne (2)
Cet arbuste érigé est haut de 5 m. Ses feuilles persistantes, coriaces, simples, luisantes, mesurent de 2 à 5 cm, à bords dentés, au dessus vert sombre et au dessous plus clair. Les fleurs mâles et femelles, sur des pieds distincts, sont dépouvues de pétales et forment de petits bouquets à l'aisselle des feuilles. Les premières ont des sépales recourbés vers l'intérieur, les secondes des sépales droits. Elles sont suivies de baies rouges devenant noires à maturité. Arbuste d'ornement, poussant dans les haies, les bois clairsemés, le maquis, la garrigue, en sols crayeux et calcaires, il se trouve partout en Méditerranée.

AUTRES ARBUSTES

1

2

Tamaris de France (1)
Arbuste gracieux à l'aspect plumeux de 10 m de haut, au feuillage caduc très léger, il est doté de longues branches élancées couvertes de minuscules feuilles bleu gris. Une multitude de minuscules fleurs roses ou blanches, à 5 pétales et sépales, éclosent de mars à juillet, groupées en bouquets étroits sur le bois jeune. Il prospère sur le bord des rivières et des ruisseaux, dans les zones humides et près de la mer. Cet arbre d'ornement courant se rencontre dans toute la Méditerranée, de l'Espagne à la Turquie.

Gattilier (2) **ou Agneau-chaste**
Le bois jeune de cet arbuste aromatique, haut de 1 à 3 m, est feutré de blanc. Ses feuilles caduques caractéristiques sont palmées et divisées en 5 à 7 parties lancéolées, portées par un long pétiole, à dessus vert foncé et feutré de blanc sur le dessous. En été, les fleurs au parfum sucré, lilas clair, tubulaires, plus ou moins bilabiées, aux étamines sortantes, sont disposées en verticilles le long d'épis terminaux. Les fruits sont globulaires et charnus, d'un noir rougeâtre. Il pousse dans toute la Méditerranée, au bord des cours d'eau et dans les zones humides près de la mer.

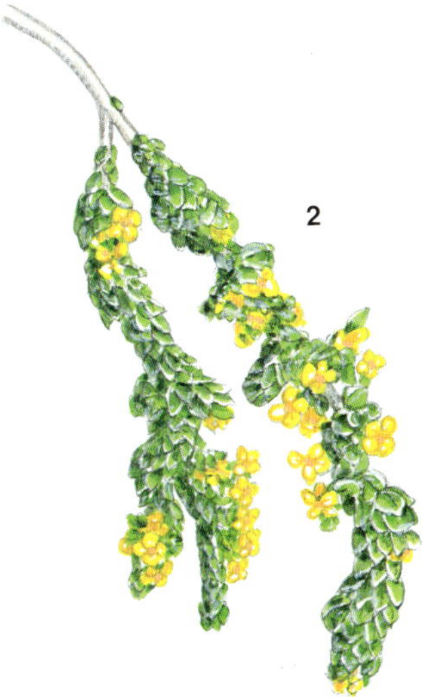

Sarcopotérium épineux (1)
Cet arbuste bas (50 cm), arrondi, aux branches entrelacées, raides et épineuses, au bois jeune feutré de gris, porte de petites feuilles et 4 à 7 paires de folioles dentées, tombant précocement en été. Des fleurs mâles et femelles sans pétales, au printemps, apparaissent sur des têtes globulaires distinctes. Longues étamines jaunes pour la fleur mâle, stigmates violacés et plumeux pour la fleur femelle, suivie d'une « baie » brillante rouge. On le trouve en Méditerranée orientale, de la Sardaigne et l'Italie à la Palestine, dans les friches, les collines arides et sur de vastes zones de garrigue.

Passerine velue (2)
ou Lauréole velue
C'est un petit arbuste (20 à 50 cm), très ramifié, couvert d'un duvet blanc, aux branches souvent ployées. Ses feuilles ovales et charnues, au dessus vert sombre et au dessous blanc et velu, sont pareilles à des écailles et couvrent densément les rameaux. À l'aisselle des feuilles, d'octobre à mai, il y a de petites fleurs au calice jaune formant des petits bouquets. Croît en Méditerranée, dans la garrigue, les collines arides et rocheuses, les zones sableuses, habituellement près de la mer.

AUTRES ARBUSTES

1

2

Palmier nain (1)
ou Chamérops humble

Ce palmier aux nombreuses tiges courtes, formant une touffe dense et étalée, a des feuilles en éventail circulaire de 70 à 80 cm de diamètre, profondément divisées en sections lancéolées, portées par de longs pétioles. Les petites fleurs jaunes disposées en grandes grappes (35 cm), sont souvent cachées dans le feuillage. Des baies jaunes virant au brun-rouge apparaissent dès la maturité. Dans les prés pierreux et secs, la garrigue, les zones sablonneuses près de la mer. Il prospère en Méditerranée occidentale, de l'Espagne à l'Italie, en Sicile et en Sardaigne.

Agave d'Amérique (2)

Il forme des rosettes géantes (2 à 4 m de diamètre) d'énormes feuilles lancéolées et épineuses. Une rosette donne une unique hampe florale après dix à quinze ans. Tel un candélabre géant de 8 à 10 m de haut, celle-ci produit des centaines de fleurs vertes et parfumées. La rosette meurt après floraison, mais la plante survit en émettant des surgeons. Originaire du Mexique, largement cultivée, l'agave s'est naturalisée en Méditerranée. Elle pousse dans les haies, les terrains vagues, les bas-côtés, souvent à côté des villes et des villages ou près de la mer.

EUPHORBES

Euphorbia sp. 2 m

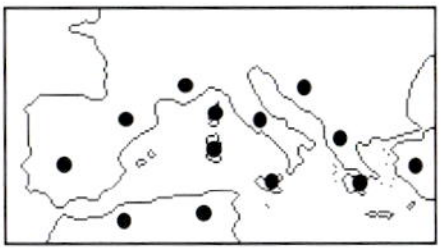

Ces plantes annuelles ou vivaces, surtout herbacées, parfois arbustives, ont un suc laiteux, âcre et vénéneux. Ses feuilles étroites poussent en motifs disposés en spirale le long des tiges. Les fleurs sont caractéristiques, et il en existe plus de 100 espèces en Europe.

Les fleurs, toutes mâles sauf une femelle, sont groupées sur une tête logée dans une coupe formée de deux bractées à l'allure de sépales. Chaque tête contient aussi plusieurs glandes renflées, ovales ou en demi-lune. Les têtes florales sont regroupées en ombelles.

Les espèces vivaces et arbustives poussent en zones arides, rocheuses ou pierreuses, dans la garrigue, le maquis, les bois clairsemés ou sur les falaises en bord de mer. On la rencontre de l'Espagne à la Palestine et sur les îles.

La **Grande euphorbe méditerranéenne** (1) est une haute plante vivace de la garrigue, des bas-côtés et des prés. L'**Euphorbe épineuse** (2), aux branches épineuses très emmêlées, pousse dans les prés pierreux et la garrigue. Les tiges rouges et ligneuses de l'Euphorbe arborescente colorent les falaises. Beaucoup d'espèces annuelles sont en réalité des mauvaises herbes.

FÉRULE ODORANTE

2 à 3 m *Ferula communis*

Cette plante vivace et robuste à l'odeur anisée, aux tiges côtelées et dressées, porte des feuilles douces, filiformes, très finement divisées. Les plus basses, à longs pétioles, font 30 à 60 cm de long ; les plus hautes naissent d'une gaine enflée rattachée à la tige.

Les petites fleurs jaunes éclosent d'avril à juin en nombreuses ombelles hautes et très ramifiées. Les ombelles en bouton sont protégées par une gaine renflée. Les fruits ovales ou elliptiques, aplatis et ailés, sont groupés par paires.

Présente dans toute la Méditerranée, au sein de la garrigue, sur les pentes et dans les prés caillouteux, sur les collines arides près des terres cultivées, souvent en sols calcaires ou crayeux.

Le Fenouil est une plante apparentée, similaire mais plus petite, atteignant 1,50 m, à l'odeur anisée, aux feuilles très divisées et aux ombelles de fleurs jaunes. Mais ses tiges sont fortes, et il fleurit à la fin de l'été. Ses fruits sont dépourvus d'ailes. Il est commun en Méditerranée, sur les bas-côtés, les terres incultes et les zones arides et rocheuses.

TRÈFLES et LUZERNES

50 cm

Plantes généralement petites, annuelles ou vivaces, elles possèdent des feuilles à trois folioles, qui ont la forme « en trèfle » si caractéristique. Les fleurs, ressemblant individuellement à celles du pois, sont groupées en têtes denses portées par de longs pédoncules naissant à l'aisselle des feuilles.

Les fleurs de luzerne sont souvent jaunes ou orange et perdent rapidement leurs pétales. Les fruits enroulés en hélice sont souvent épineux. Les fleurs de trèfle sont rose violacé ou blanches. Les pétales persistants se parcheminent, entourant les fruits en forme de petites cosses.

On le rencontre partout en Méditerranée dans les prés herbeux et pierreux, les steppes, la garrigue, les bas-côtés, les friches, les terrains vagues et les zones sablonneuses près de la mer.

Il y a de nombreuses espèces en Europe, certaines spécifiquement méditerranéennes. Le **Trèfle étoilé** (1) est une annuelle velue d'aspect soyeux, aux fruits étoilés aisément reconnaissables, poussant dans les zones herbeuses et la garrigue. La **Luzerne polymorphe** (2) a des fruits spiralés et épineux qui s'accrochent à tout ; elle pousse dans l'herbe et les lieux en friche.

ANÉMONE CORONAIRE

20 à 40 cm *Anemone coronaria*

Ce sont de petites plantes herbacées à racine tubéreuse formant des rosettes de feuilles basales portées par un long pétiole. Une feuille porte trois lobes, chacun découpé en de multiples segments.

Ces fleurs grandes (4 à 8 cm de diamètre) et solitaires éclosent au printemps au bout d'un pédoncule à feuille unique. Chacune comporte 5 à 8 pétales rouge vif, bleus, pourpres ou blancs se chevauchant. Au centre, la couleur est souvent différente. Les étamines renferment des anthères noires.

Elle pousse en oliveraies, dans la garrigue, les vignobles, prés et champs, bas-côtés et terrains nus. On la rencontre de l'Espagne à la Palestine. Les variétés cultivées sont : l'Anémone de Caen (simple) et Sainte Brigitte (double).

L'Anémone des jardins, *Anemone hortensis*, et l'Anémone pavonine, *A. pavonina*, sont similaires. Mais la feuille de leur tige est simple ou trilobée et peu divisée. La première a d'étroits pétales bleus, la seconde, des fleurs rouges ou bleues à centre pâle. Elles poussent dans les mêmes lieux que l'Anémone coronaire, de la France à la Turquie.

CYCLAMENS

Cyclamen sp.

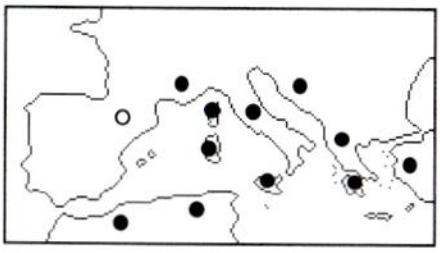

Ce sont des plantes herbacées (5 à 15 cm) à grand cormus. Les feuilles, nombreuses, en forme de cœur ou de rein, sont émises au bout d'un long pétiole individuel par le cormus adulte. Beaucoup d'espèces, dont 8 poussent en Méditerranée, ont des feuilles joliment tachetées ou marbrées d'argent.

Les fleurs, solitaires, éclosent au bout d'un long pédoncule. Les pétales roses ou blancs, rejetés en arrière, se rejoignent en un tube court. Pour beaucoup d'espèces, quand la fleur fane, le pédoncule floral se roule en hélice et ramène le fruit (une capsule arrondie) au sol.

On les rencontre dans les bois clairsemés et les halliers, le maquis et la garrigue, les terres cultivées et les bas-côtés, mais aussi en montagne. Ils prospèrent de la France à la Turquie et à la Palestine, ainsi que sur les îles.

Le **Pain de pourceau** (fig.) pousse dans les bois d'essences à feuillage caduc et les halliers. Ses fleurs apparaissent en été, avant les feuilles qui perdurent l'hiver et meurent au printemps. Le Cyclamen répandu pousse dans les bois d'essences à feuillage persistant et le maquis. Ses fleurs et ses feuilles vert uni apparaissent au printemps.

CHRYSANTHÈMES et CAMOMILLES

30 à 80 cm

Ces plantes herbacées annuelles ou vivaces, souvent très ramifiées, à tiges prostrées ou érigées, ont des feuilles alternes, généralement pennées, parfois très découpées en segments étroits. Beaucoup d'espèces sont aromatiques.

Souvent grandes et remarquables, blanches ou jaunes, les fleurs ressemblent à des marguerites ou à la camomille. Elles sont formées d'un disque central de fleurons dépourvu de pétales et entouré d'une couronne de fleurons radiaux qui ressemblent à des pétales.

On les rencontre dans les friches, sur les bas-côtés, dans les zones rocheuses ou sablonneuses près de la mer. Parfois abondantes, elles vivent partout en Méditerranée.

Famille d'espèces européennes communes, certaines propres à la Méditerranée, les annuelles, comme le **Chrysanthème des jardins** (1) et le Chrysanthème des moissons, sont parfois si nombreuses dans les terrains en friche qu'elles les teignent de jaune. L'**Anthémis chia** (2), très répandue, est l'une des espèces de camomille méditerranéenne à floraison printanière.

CHARDONS

2 m

1

2

Ces plantes annuelles ou vivaces ont pour la plupart des tiges droites épineuses, parfois ailées. D'autres forment des rosettes plates de feuilles épineuses. Les feuilles alternes épineuses sont entières ou profondément découpées. La base des feuilles supérieures enserre souvent la tige.

Les fleurs sont groupées en capitules denses, solitaires ou en bouquets, formées d'un disque de fleurons entouré d'une rangée de bractées épineuses. Beaucoup d'espèces ont des fleurs rouge violacé, d'autres, jaunes. Les petits fruits durs sont souvent couronnés de poils.

De nombreuses espèces, dont certaines propres à la Méditerranée, poussent dans les terres incultes, les bas-côtés, les friches, les zones arides, rocheuses ou pierreuses, et la garrigue. On les rencontre partout en Méditerranée.

Le **Chardon-Marie** (1), aux feuilles caractéristiques veinées de blanc et aux fleurs rose pourpré, pousse dans les friches et sur les bas-côtés. La **Carline en corymbes** (2), l'une des nombreuses espèces de carlines d'Europe méridionale, a de gros capitules jaunes entourés de bractées très épineuses et des feuilles qui le sont aussi.

THYM
10 à 30 cm

Thymus vulgaris

Il s'agit d'un sous-arbrisseau très aromatique, très ramifié dès la base, à tiges quadrangulaires et feuilles opposées ; le bois jeune a une couleur blanc velouté. Les feuilles sont très petites, opposées, linéaires à ovales, aux bords enroulés, au dessus vert sombre et au dessous velouté de blanc.

Les fleurs, groupées en épis terminaux arrondis, sont réunies en verticilles qui se séparent quand l'épi vieillit. Chaque fleur est petite (4 à 6 mm) et bilabiée. Les coloris vont du blanc au mauve et la floraison se fait d'avril à juillet.

On le trouve en Méditerranée occidentale, dans la garrigue, les prés pierreux, les pentes arides, surtout en sols crayeux. Dominant en de multiples endroits du centre de l'Espagne, présent dans l'est de l'Italie, il est cultivé ailleurs.

L'une des nombreuses espèces de thyms en Europe. La Sarriette vivace, un petit arbuste aromatique apparenté, est de même taille mais ressemble plutôt au Romarin, avec ses feuilles étroites et opposées sur des tiges érigées et ses fleurs blanches. Elle pousse dans les prairies pierreuses et les talus secs de toute l'Europe méridionale, sauf les îles.

ASPHODÈLE

Asphodelus aestivus 1,50 m

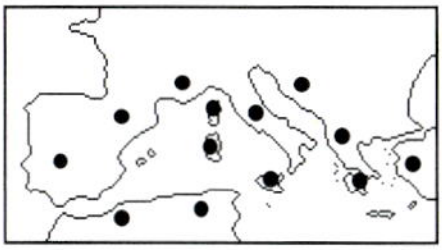

1

Cette plante herbacée vivace à racines tubéreuses présente une touffe de feuilles basales rappelant le poireau et une longue hampe florale dépourvue de feuilles. Les feuilles sont larges, plates, à bout pointu et repliées en gouttière ; elles atteignent 45 cm de long.

La hampe florale a l'aspect d'un candélabre aux nombreuses branches latérales. Les fleurs sont groupées en grappes allongées. Chacune d'entre elles est un entonnoir bordé de 6 pétales lobés s'évasant en étoile ; chaque pétale, blanc, est strié d'une veine centrale rouge.

On la rencontre dans la garrigue et les zones herbeuses, les collines arides et pierreuses et les régions rocheuses. Souvent commune, elle peuple toute la Méditerranée.

L'**Asphodèle blanc** (1) est similaire bien que sa hampe florale soit peu ou pas ramifiée. Il pousse dans les prairies, les bois clairsemés et les halliers, sur les collines et les montagnes, de l'Espagne à la Grèce. L'Asphodèle jaune, qui a des tiges florales feuillues et des fleurs jaunes, croît dans les régions caillouteuses de la Méditerranée orientale.

OPHRYS

10 à 60 cm *Ophrys sp.*

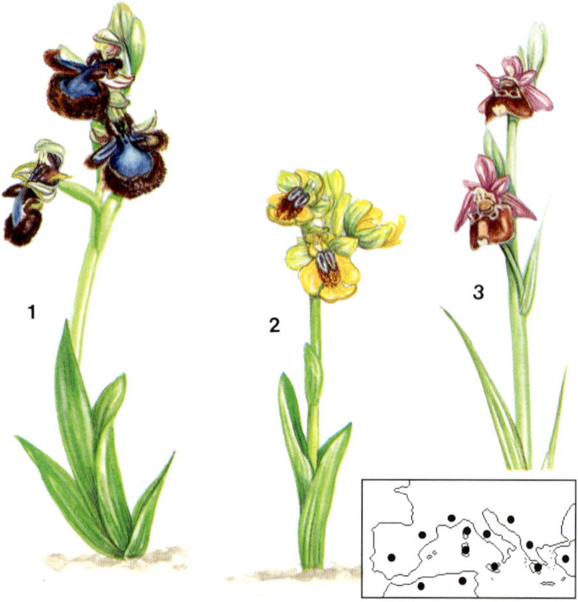

Ces orchidées vivaces possèdent toutes deux tubercules. D'un tubercule pousse une rosette de feuilles lancéolées à ovales (leur forme différant suivant les espèces) et une tige florale à épi lâche comprenant 2 à 10 fleurs. Les feuilles gainent la base de la tige.

Des fleurs caractéristiques poussent à l'aisselle de bractées. Des cinq lobes supérieurs, les trois plus extérieurs, plus gros, ressemblent davantage à des pétales que les deux intérieurs ; le plus haut forme un capuchon. Le sixième lobe (labelle) constitue une lèvre inférieure renflée et velue.

Plus de 20 espèces et sous-espèces prospèrent tout autour de la Méditerranée, surtout dans les zones pierreuses en sols calcaires, mais aussi dans les bois, les halliers, les oliveraies, les zones caillouteuses et sur les côtes.

L'**Ophrys miroir** (1) a des fleurs caractéristiques à centre bleu de mars à mai, comme l'**Ophrys jaune** (2). Toutes deux poussent dans les zones herbeuses de la Méditerranée. L'**Ophrys araignée veuve** (3) fleurit à peu près en même temps, mais dans les zones pierreuses et herbeuses, et cela dans presque toute l'Europe.

AUTRES ORCHIDÉES

De nombreuses orchidées poussent en Méditerranée. Voici trois des plus remarquables.

Sérapias à fleurs en cœur (1)
Les feuilles lancéolées et la tige florale atteignent 40 cm. Au printemps, apparaissent de grandes fleurs à capuchon violet rouge et à labelle velu pareil à une langue. Ils poussent dans les bois clairsemés, la garrigue et les zones herbeuses humides. Ils prospèrent de l'Espagne à la Grèce.

Orchis papillon (2)
Cette orchidée à floraison printanière, aux feuilles étroites lancéolées et à tige florale de 10 à 40 cm, porte des fleurs à capuchon et éperon, de 3 cm de long, à labelle en éventail, roses à veines foncées. On la trouve partout en Méditerranée dans les prés secs, le maquis, la garrigue, mais aussi les bois, plutôt en sols crayeux ou alcalins.

Orchis géant (3)
Il s'agit d'une orchidée printanière très robuste, à grandes feuilles luisantes elliptiques. Ses fleurs sont vert pourpré terne, aux lobes supérieurs en capuchon, les plus externes dressés comme des oreilles ; labelle trilobé à bords ondulés. Partout en Méditerranée : maquis, garrigue, halliers, zones herbeuses.

CANNE DE PROVENCE
2 à 5 m *Arundo donax*

Semblable à un bambou, c'est le plus grand roseau européen. Cette plante vivace forme des colonies denses en émettant des rhizomes souterrains à grande distance. Ses tiges sont ligneuses et très feuillues. Les feuilles gris-vert, plates, atteignent 60 cm et ont des bords rêches.

Les fleurs forment en septembre-octobre des inflorescences denses et plumeuses. D'abord blanc verdâtre teinté de pourpre, elles deviennent argentées avec de longues aigrettes soyeuses.

La plante constitue partout en Méditerranée des roselières denses qui se répandent le long des cours d'eau, sur les berges des fleuves, dans les fossés et les zones humides.

Comme tous les roseaux, il appartient à la même famille que l'herbe. Le Roseau commun pousse dans toute l'Europe en eau peu profonde et forme des colonies agressives dans les marais et sur les berges des fleuves. Il a de hautes inflorescences plumeuses, brunâtres ou pourprées, lâches, ballantes une fois en graines. Ses tiges ne sont pas ligneuses.

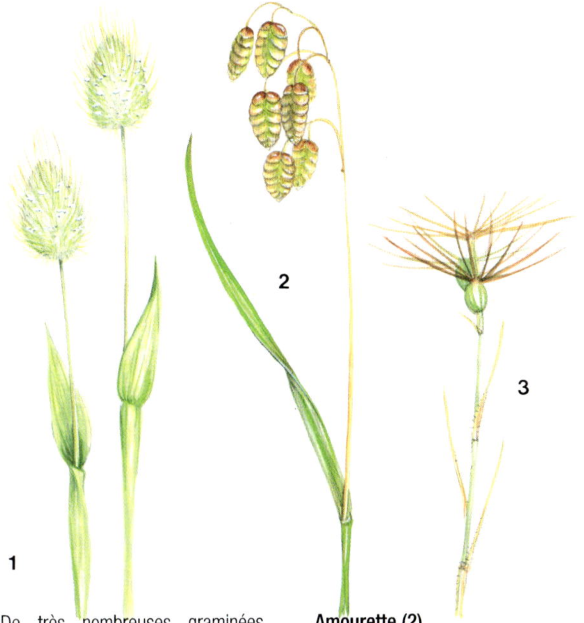

De très nombreuses graminées poussent en Méditerranée. Voici trois des plus remarquables.

Gros minet (1)
Cette délicate graminée annuelle est touffue, à floraison estivale, de 60 cm de haut. Ses feuilles sont plates, veloutées, gris-vert, à gaine renflée. Les inflorescences sont des épillets globulaires ou ovoïdes dressés sur des tiges érigées, couverts de soies douces blanc argenté. On la rencontre en zones sableuses, sur les friches et les bas-côtés, surtout près de la mer.

Amourette (2)
C'est une annuelle de 10 à 60 cm, à feuilles vertes, plates et glabres, aux inflorescences frissonnantes. En été, les épillets sont rebondis, ovoïdes, de couleur vert clair argenté, souvent lavés de pourpre ou de marron. Elle pousse sur les collines arides, la garrigue, les prés pierreux et les bas-côtés.

Égylops (3) ou Égilope
Annuelle à feuilles triangulaires étroites, rêches, à gaine gonflée, qui mesure 40 cm. Ses inflorescences verdâtres sont réunies en épillets renflés à longues arêtes (7 cm) écartées. Elle pousse dans les prés secs, chemins, bas-côtés et friches.

IRIS
5 cm à 1 m *Iris sp.*

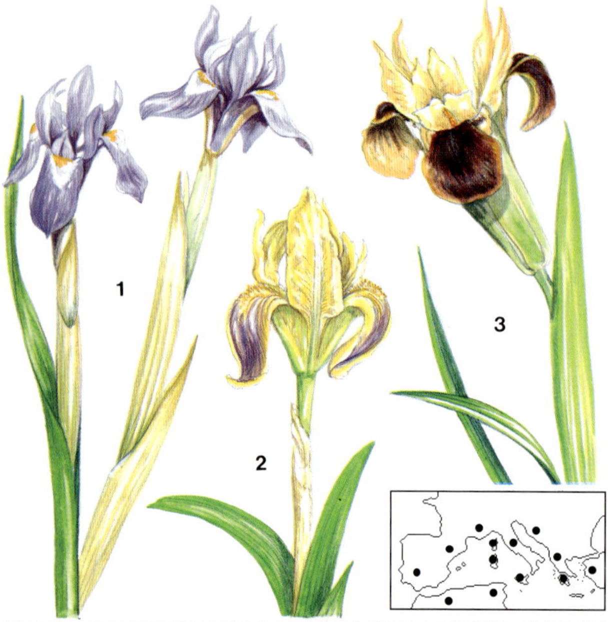

Les iris sont des plantes herbacées vivaces à feuilles lancéolées verticales, se chevauchant. Ils possèdent un bulbe ou une racine traçante rhizomateuse. Les fleurs, grandes et voyantes, sont solitaires ou groupées sur une tige florale érigée.

Chaque fleur est composée de trois grandes divisions extérieures tombantes, souvent recourbées en arrière, et trois divisons intérieures souvent dressées. Trois styles (des stigmates larges) à l'aspect de pétales se recourbent fréquemment au-dessus des « pétales » tombants.

Il y a environ 50 espèces en Europe, rencontrées le plus souvent dans les zones rocheuses ou pierreuses, fréquemment sur les collines, dans la garrigue, les oliveraies et les bois. Elle existe partout en Méditerranée.

Si beaucoup d'iris ont des fleurs bleu pâle, tels l'**Iris sisyrinque** (1) et l'Iris d'Espagne, d'autres ont des fleurs jaunes. L'**Iris pumila** (2) est une espèce variable dont les fleurs sont jaunes ou violettes. L'**Iris à tête de serpent** (3) est doté de feuilles à quatre côtes rappelant le roseau et non de feuilles en glaive.

AILS ET OIGNONS

Allium sp. 10 cm à 1,50 m

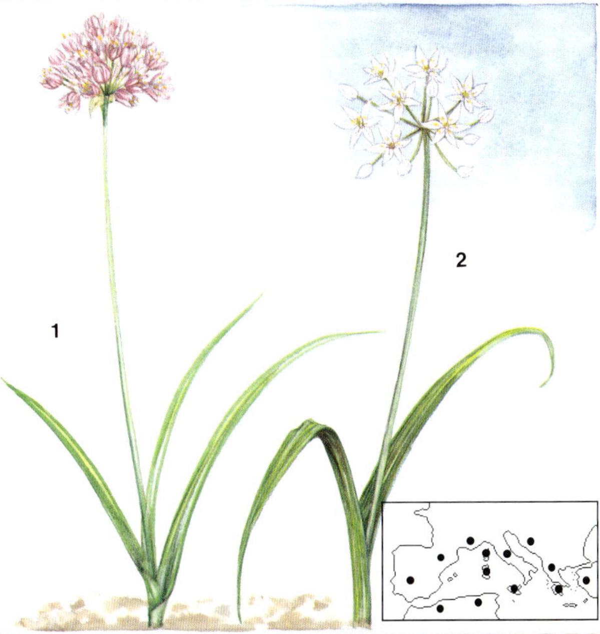

Ce sont des plantes bulbeuses vivaces aux feuilles sentant l'oignon, le poireau ou l'ail. Les feuilles, qui sont émises par le bulbe, sont linéaires et rainurées, ou en gouttière, voire larges et plates, ou encore cylindriques et parfois creuses.

Les fleurs, portées par des pédoncules distincts, sont groupées en ombelle où elles sont parfois remplacées par des bulbilles. Le bouton floral est enserré dans une gaine parcheminée. Chaque fleur, ouverte ou en clochette, comporte six pétales roses, blancs ou jaunes.

On les rencontre dans les vignobles, les oliveraies, les terres incultes, les bas-côtés, les zones arides, herbeuses et pierreuses, dans la garrigue, les bois et près de la mer. Elles sont présentes dans toute la Méditerranée.

Il existe beaucoup d'espèces d'oignons et d'ails sauvages en Europe, certains propres à la Méditerranée. L'**Ail rosé** (1) a des feuilles linéaires sentant l'ail, et ses ombelles florales contiennent parfois des bulbilles. Il est commun dans les friches, les vignobles, les zones herbeuses et la garrigue, comme l'**Ail subhirsute** (2), à l'odeur d'oignon.

Scille officinale (1) ou Urginée maritime

Les bulbes sont gros et souvent en partie visibles. Les tiges hautes, sans feuilles, émises à la fin de l'été, portent des fleurs étoilées blanches, suivies de feuilles luisantes assez charnues de 15 à 30 cm de long durant tout l'hiver. Elle pousse dans les champs pierreux, la garrigue, les coteaux secs et rocheux, les plages de sable près de la mer. On la trouve partout en Méditerranée.

Ornithogale de Narbonne (2)

Ses feuilles sont linéaires. Les tiges florales distinctes, de 80 cm, portent de longues inflorescences de fleurs à six pétales en étoile d'un blanc éclatant, au dessous orné d'une bande verdâtre. Elle prospère dans les prés herbeux, bas-côtés, terres cultivées, d'avril à juin. Elle se trouve partout en Méditerranée.

Muscari à toupet (3)

Ses feuilles linéaires, rainurées, sont souvent pliées en arrière. La tige florale de 30 à 60 cm est surmontée d'une touffe de fleurs bleu vif. Les fleurs plus basses, plus grandes, en urne, sont vert brunâtre. Il pousse en avril-juin dans les prés secs, les oliveraies, les champs et vignobles, la garrigue et peuple toute la Méditerranée.

Tulipe sauvage (1)
Elle est haute de 30 à 60 cm et compte trois feuilles à la base de chaque tige florale. La fleur solitaire, en coupe, a six pétales pointus au dedans jaune vif et au dessous souvent lavé de vert ou de rouge. On la rencontre d'avril à juin dans les prairies pierreuses de montagne, les bois, vignobles et champs. Elle pousse depuis l'Espagne jusqu'à la Grèce.

Fritillaire (2)
Elle possède une tige droite de 20 à 50 cm, à feuilles linéaires, et une ou deux fleurs penchées en tulipe, diversement tachetées de pourpre et de jaune-vert. Elle est présente dans les prairies et les bois de février à avril. On la rencontre en Espagne, en Italie et en Grèce.

Lis de mer (3)
C'est un gros bulbe d'où surgit une touffe de feuilles plates, torsadées, épaisses et bleutées. En été, des fleurs blanches parfumées sur des pédoncules distincts et groupées en ombelle sortent d'un spathe brun rouge qui les gaine en bouton. Chacune porte une couronne en entonnoir et des segments linéaires qui vont en s'évasant. Elle peuple les côtes sableuses et les dunes et se rencontre partout en Méditerranée.

Momordique (1)
ou Concombre d'âne
Cette plante vivace assez charnue, rugueuse, porte des tiges épaisses couchées, à feuilles en forme de cœur. Des fleurs jaunes à cinq lobes apparaissent sur de longs pédoncules d'avril à septembre, les mâles groupées à l'aisselle des feuilles, les femelles, solitaires. Les fruits ressemblent à des concombres poilus qui explosent à maturité en éjectant leurs graines. On la rencontre près de la mer, dans les friches, les bas-côtés et les terres cultivées. Elle est partout présente en Méditerranée.

Orcanette (2)
Cette plante vivace à tiges poilues, coureuses, atteint 30 cm. Les plus hautes de ses feuilles lancéolées enserrent la tige. Les fleurs bleu vif en entonnoir sont groupées en épis feuillus d'avril à juin. Dans les friches, les champs pierreux et les zones sableuses près de la mer, dans toute la Méditerranée.

Silène coloré (3)
Annuelle de 10 à 30 cm à tige feuillue et aux feuilles velues en forme de pagaie. Fleurs roses à cinq pétales bilobés d'avril à juin. Souvent abondant dans les zones pierreuses, les sols cultivés et près de la mer. Dans toute la Méditerranée, sauf en France.

Panicaut améthyste (1)
C'est une plante vivace de 20 à 70 cm, coriace, bleutée et à feuilles épineuses. En juillet-août, les fleurs sont groupées en petits capitules denses entourés de longues bractées fines. Il est commun dans les lieux secs et pierreux ainsi que la garrigue. On le trouve depuis l'Italie jusqu'à la Palestine.

Acanthe à feuilles molles (2)
Plante vivace, robuste, à grandes feuilles vert sombre profondément découpées. Les fleurs tubulaires à lèvre inférieure lavée de pourpre, en épis hauts et droits, apparaissent de mai à juillet. Fréquente les lieux frais et rocheux, les collines et les bois.

Liseron de Biscaye (3)
Ses tiges plus ou moins érigées atteignent 50 cm. Les feuilles basses sont en pagaie et les feuilles hautes oblongues. Il porte de grandes fleurs roses repliées en bouton. Il prospère dans les prés secs et herbeux, les bas-côtés, le maquis et la garrigue et se rencontre partout.

Lavatère arborée (4)
Cette plante robuste atteint 3 m. Les tiges, épaisses, ont une base ligneuse. Ses feuilles (20 cm de large) présentent des lobes arrondis et peu profonds. Elle porte des fleurs voyantes à cinq pétales rose violacé. On la rencontre près de la mer, en zones rocheuses et sableuses. De l'Espagne à la Grèce.

RAPACES DIURNES

25 cm à 1 m

Il y en a 27 espèces en Méditerranée. Outre d'excellents voiliers, ce sont, pour la plupart, de grands oiseaux aux ailes larges et puissantes et au bec crochu. Les doigts des pattes portent des serres acérées, servant à tuer et à tenir les proies.

Certaines espèces prennent leur essor en utilisant les courants aériens chauds et ascendants. D'autres planent pour guetter leurs victimes. Ils se nourrissent de viande, chassant des proies vivantes ou nettoyant les charognes.

De nombreuses espèces résident en Méditerranée ou y passent l'été, dans les montagnes, les steppes ou les forêts, ou près des marais, des rivières et des lacs. D'autres passent durant leur migration, par Gibraltar et Istanbul notamment.

4 espèces de vautours, grands oiseaux aux longues ailes à rémiges visibles, vivent en Méditerranée. Le **Vautour percnoptère** (1) est le plus répandu ; les autres sont plus foncés. Grands également, les aigles possèdent de larges ailes aux rémiges écartées et une tête plus volumineuse. Assez rares, ils vivent en montagne ou, à l'instar de l'**Aigle botté** (2), dans les plaines herbeuses.

Buses

Ailes larges et petits « doigts » au bout des ailes, plutôt brunes, elles mesurent entre 50 et 65 cm et sont souvent aperçues prenant leur essor, voire en groupes durant les migrations. La buse (*Buteo buteo*) est résidente tandis que la **Bondrée apivore** (1) visite l'été les bois et les forêts.

Milans

Longs de 50 à 65 cm, ils arborent de longues ailes ainsi qu'une queue longue et fourchue. Ils chassent en rasant le sol et tordent leur queue en vol. Le **Milan noir** (2) est un visiteur estival. Les busards ont des ailes plus arrondies, mais ils chassent de la même façon.

Éperviers

Courtes ailes arrondies et longue queue, mesurant entre 30 et 60 cm, ils volent rapidement, rasant les arbres et les champs ou prenant leur essor pour fondre sur leur proie. L'**Épervier d'Europe** (3) réside en Méditerranée.

Faucons

25 à 50 cm, ailes étroites et pointues, longue queue, ils volent vite ou planent, guettant leurs proies avant de fondre sur elles. Si le Faucon crécerelle est commun à toute l'Europe, le **Faucon d'Éléonore** (4) niche sur les îles rocheuses de la Méditerranée.

RAPACES NOCTURNES

Généralement entre 20 et 40 cm *Strigiformes*

1

2

Ces oiseaux de proie ont une grosse tête et des disques faciaux caractéristiques. Leur cou trapu peut tourner de 270°. Leurs grands yeux sont dotés d'une vision binoculaire. Leur plumage est généralement brun ou gris. Les hiboux, pour leur part, présentent sur la tête des aigrettes (ou « oreilles »).

Oiseaux nocturnes, certains peuvent néanmoins chasser au crépuscule ou à l'aube, toujours sans un bruit, oiseaux, insectes et petits mammifères. Pendant la journée, ils restent juchés en hauteur. Beaucoup d'espèces nidifient dans un trou d'arbre, une crevasse dans les rochers, ou dans les bâtiments.

Environ 10 espèces en Méditerranée, parmi lesquelles plusieurs résidentes. Ils sont aussi présents dans les villes, la campagne cultivée, les bois et forêts d'essences mixtes ou de conifères, les montagnes et les régions rocheuses.

Le **Hibou petit duc** (1), petit, est difficilement perceptible, mais son cri, bas et répétitif, est des plus familiers. Résident dans le sud de la Méditerranée, il n'est ailleurs qu'un visiteur estival, en ville ou en rase campagne. La **Chouette hulotte** (2) peuple les bois, les parcs et les jardins. Le « Tou-iiit, tou-whou » est le hululement caractéristique émis par le mâle lors de la parade.

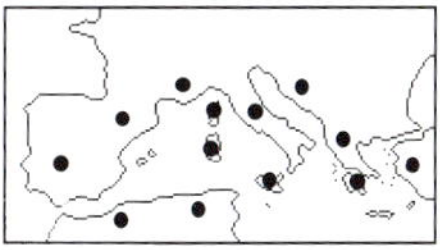

1

2

Ce sont des oiseaux aquatiques au bec plat, au corps massif également un peu aplati, aux pattes courtes et aux pieds palmés. Leur plumage, très caractéristique, est plus coloré chez les mâles que chez les femelles.

Il y a de nombreuses espèces en Méditerranée. Certaines, migratrices, passent l'hiver près de la côte, dans les baies protégées, les estuaires ou les grands plans d'eau douce. D'autres, résidentes, sont visibles en été sur les étangs, les lacs d'eau claire et les canaux.

Des canards barboteurs tels le Canard siffleur, le Canard souchet et le Tadorne de Belon, mais aussi des canards plongeurs, tels la Fuligule milouin et le Garrot à œil d'or, passent juste l'hiver. Les Colverts sont sédentaires.

Les canards barboteurs comme la **Sarcelle d'hiver** (1) se nourrissent de plantes aquatiques en plongeant la tête dans l'eau, croupion en l'air ; ils décollent presque verticalement. Les canards plongeurs, à l'image de la **Fuligule morillon** (2), plongent sous l'élément liquide pour se nourrir de plantes et de mollusques ; ils doivent courir sur l'eau pour décoller.

GOÉLANDS et STERNES

25 à 70 cm

Laridés et Sternidés

Oiseaux de mer au corps blanc, aux ailes grises ou noires et aux pieds palmés. Les goélands sont grands (30 à 70 cm) ; ils sont dotés d'un bec puissant et robuste et d'une courte queue. Plus petites (25 à 50 cm), les sternes sont plus fines ; elles ont un bec pointu et une queue fourchue.

Tous sont des voiliers puissants. Les goélands apprécient les charognes, les mollusques et les œufs d'oiseaux. Les sternes attrapent les insectes au vol et plongent pour pêcher des poissons. Beaucoup nichent en colonies sur des îles, des plages de sable ou de galets.

Seuls ou en groupe dans les ports et à proximité des falaises, dans les villes, les villages, près des tas d'ordures ou dans les marais côtiers. Ils se réfugient à l'intérieur des terres par mauvais temps. Il y a environ 20 espèces en Méditerranée.

Le **Goéland brun** (1) et le **Goéland mélanocéphale** (2) hivernent près des côtes méditerranéennes. Le Goéland argenté, à ailes grises, y réside comme partout en Europe. De nombreuses sternes, migratrices, à l'instar de la **Sterne Pierre-Garin** (3) n'y passent que l'été, nichant dans les marais côtiers et les lacs intérieurs.

ÉCHASSIERS

14 à 56 cm

Les échassiers ont souvent de longues pattes et un long bec étroit. Mais quelques-uns, cependant, sont dotés de pattes plus courtes. D'autres possèdent un bec court mais toujours étroit. Ils volent bien et sont rapides au sol.

La plupart passent juste l'hiver en Méditerranée, peuplant par milliers les marécages boueux ou l'eau peu profonde des estuaires, fouillant l'eau de leurs longs becs à la recherche de nourriture. Parfois dans les champs humides, les prairies et les terres. Les autres sont résidents ou visiteurs estivaux.

Grande famille d'oiseaux comptant de nombreuses espèces : pluviers, chevaliers (ou bécasseaux), huîtriers-pies, courlis, barges, bécassines, avocettes, etc. Ils sont partout présents en Méditerranée.

Les pluviers, tel le **Grand gravelot** (1), vivent en petits groupes, courant, s'arrêtant et se penchant pour saisir leur nourriture. Les petits chevaliers, tel le **Bécasseau variable** (2), ont un aspect assez rond ; les plus grands, tel le **Chevalier gambette** (3), sont plus minces. Certaines **Avocettes** (4) vivent en France et dans le sud de l'Espagne ; d'autres n'y passent que l'hiver.

HÉRONS et AIGRETTES

35 à 95 cm *Ardéidés*

Grands échassiers à long cou, hauts sur pattes et au long bec droit, ils ont des ailes larges, arrondies et une queue courte. Ils volent lentement, leur cou replié en S et rentré dans les épaules.

Ils vivent en colonies dans les zones marécageuses, les arbres et les arbustes au bord des rivières et des fossés. Immobiles ou lents, à l'affût, ils détendent soudain leur cou pour saisir leur proie dans l'eau. Ils chassent également les batraciens.

Le Héron cendré peuple l'ensemble de l'Europe ; les autres hérons y migrent en été. La Petite aigrette habite le sud de la péninsule Ibérique et l'Afrique du Nord, ou vient passer la belle saison en Europe méridionale.

Le **Héron pourpré** (1) niche l'été dans les marais, mais on le rencontre aussi durant sa migration. Le Héron cendré, bien que gris et blanc, est presque semblable. Souvent près de la mer, on croise la **Petite aigrette** (2) dans les lagunes et les marais. Elle ne porte d' « aigrettes » qu'en été. C'est aux mêmes endroits que la Grande aigrette blanche passe la saison d'hiver.

CIGOGNES et FLAMANTS

Cigogne blanche (1)
C'est un grand oiseau à long cou pouvant atteindre 1,10 m, au plumage blanc avec le dessus des ailes noir. Rouges sont ses longues pattes et son long bec. Il survole les courants chauds à lents battements d'ailes. On le rencontre dans les prés humides et les zones herbeuses. L'oiseau niche dans de grands arbres, sur les toits, et se promène lentement, avec dignité. Il passe l'été dans la péninsule Ibérique et les Balkans. Visible pendant sa migration, en août au-dessus de Gibraltar et d'Istanbul, il se déplace en troupe désordonnée.

Flamant rose (2)
Ces grands oiseaux aux pattes et au cou très longs, au bec lourd et busqué mesurent 1,35 m. Leur plumage rose et noir avec le dessous des ailes rouge est caractéristique. Ils vivent en grandes colonies dans les plans d'eau peu profonds, boueux et saumâtres, sur les côtes du nord-ouest de l'Afrique, du sud de l'Espagne et en Camargue. C'est en draguant la vase de leur bec renversé qu'ils se nourrissent. En vol, la couleur de leur ailes n'en est rendue que plus fascinante.

PERDRIX et COLOMBES

Perdrix

Ces oiseaux ronds à bec court et courtes ailes larges, longs de 30 à 35 cm, courent plus souvent qu'ils ne volent. Le cas échéant, ils alternent rapides coups d'ailes et vols planés. La **Perdrix rouge** (1) vit dans les terres cultivées ou les zones sèches et buissonneuses de France et de la péninsule Ibérique. La **Perdrix gambra** (2) évolue uniquement dans les régions buissonneuses et sèches comme Gibraltar et la Sardaigne (pour l'Europe) et en Afrique du Nord. La Perdrix grise, avec ses pattes orangées et sa poitrine grise, est commune dans notre continent, notamment dans le nord de la Méditerranée.

Colombes et pigeons

Longs de 25 à 40 cm, ces lourds oiseaux de taille moyenne aux ailes pointues et au roucoulement typique volent rapidement et sur de longues distances, picorent au sol et prennent leur envol dans un bruit caractéristique de battements d'ailes. Le **Pigeon colombin** (3), dont les pigeons des villes sont issus, se rencontre sur les falaises côtières et dans les régions montagneuses de toute l'Europe méridionale. La **Tourterelle des bois** (4) passe habituellement l'été dans les forêts, les broussailles et les terres cultivées boisées de l'Europe du Sud. Menacée par les chasseurs, elle reste très prudente.

PIES-GRIÈCHES et CORVIDÉS

Laniidés et Corvidés

Pies-grièches

Ce sont des oiseaux relativement petits (18 à 24 cm), à grosse tête, au bec crochu et puissant et pourvus d'une longue queue. Lorsqu'il est monocolore, leur plumage est souvent remarquable. Ils chassent insectes, lézards et petits oiseaux, allant parfois jusqu'à empaler leur proie sur des épines. La **Pie-grièche grise** (1), qui est la plus grande des 6 espèces peuplant les bois et la rase campagne, réside en France et dans la péninsule Ibérique et passe l'hiver ailleurs en Méditerranée. La **Pie-grièche à tête rousse** (2), quant à elle, passe l'été dans les campagnes arides du sud de l'Europe.

Corvidés

D'un caractère sociable, produisant un cri perçant, ils mesurent de 28 à 65 cm. Grands ou de taille moyenne, le plus souvent noirs ou blanc et noir, avec un grand bec, ils se nourrissent de tout et pillent souvent les nids des autres espèces. Ils se font parfois attaquer par des oiseaux plus petits. Le Choucas, la Pie et le Geai sont des corvidés typiques communs à toute l'Europe et à l'Afrique du Nord. Le **Crave à bec rouge** (3) est une espèce méditerranéenne des côtes rocheuses abruptes. Son bec et ses pattes rouges sont caractéristiques. Le Chocard des Alpes est identique malgré son bec jaune et son goût pour l'altitude.

OISEAUX CHANTEURS

9 à 19 cm *Sylviidés*

Ces petits oiseaux au bec droit, étroit et pointu, de couleur généralement uniforme, sont de bons chanteurs. Et chaque espèce possède sa propre partition. Mâles et femelles sont souvent similaires, bien que les mâles arborent parfois des couleurs plus vives.

Ils sont généralement solitaires, très actifs, voire agités, et se nourrissent le plus souvent d'insectes. Beaucoup d'espèces peuplent les zones marécageuses, les bois et les forêts. Repérables à leurs chants, ils demeurent rarement visibles.

Environ 50 espèces sont présentes en Europe. Si certaines vivent toujours en Méditerranée, beaucoup cependant n'y passent que l'été, à leur retour d'Afrique ; on peut suivre leur passage en Europe méridionale.

L'**Hypolaïs pâle** (1) y passe l'été. Sédentaires, le **Roitelet triple-bandeau** (2) vit dans les bois, les jardins et les parcs ; le **Bouscarle de Cetti** (3) peuple la végétation dense du bord de mer ; la **Fauvette mélanocéphale** (4) et la Fauvette pitchou, dans l'Ouest pour cette dernière, préfèrent la campagne rocheuse, les broussailles et le maquis.

1

3

2

4

Alouettes
Petits oiseaux de 14 à 20 cm, souvent bruns et au bec assez pointu. Mâles et femelles sont généralement semblables. Il y a environ 10 espèces dans le sud de l'Europe, peuplant la campagne déboisée. Nichant au sol, ils se nourrissent d'insectes et de graines. Beaucoup chantent en vol, souvent très haut, à l'instar de l'**Alouette calandre** (1), représentant l'une des plus grandes espèces. L'**Alouette huppée** (2) chante au sol ou perchée sur un buisson.

Martinet pâle (3)
Longs de 17 cm, la plupart des martinets européens se rencontrent en Europe méridionale. Le Martinet pâle y passe l'été, nichant dans les côtes rocheuses et les montagnes. On le voit aussi près des villes avec le Martinet noir, plus foncé.

Hirondelle des rochers (4)
Plusieurs espèces d'hirondelles et de martinets migrent en Europe pour l'été. Seule l'Hirondelle des rochers (15 cm) passe l'hiver au sud de la Méditerranée. Sa queue est peu fourchue, contrairement à celle des autres espèces. Elle niche sur les côtes rocheuses et les parois montagneuses.

Guêpier d'Europe (1)
Oiseau de 28 cm, identifiable grâce à ses brillantes couleurs, dont le cri répétitif porte loin. Planant ou battant des ailes, c'est en plein vol, et souvent de haut, qu'il chasse les insectes. Il passe l'été en Europe méridionale, vivant en groupes en rase campagne, juché sur un poteau, un buisson, etc.

Rollier d'Europe (2)
Cet autre oiseau immanquable de 30 cm, au corps et aux ailes d'un bleu presque lumineux, au vol ondulant, possède un cri pareil à celui d'un corvidé. Il chasse du haut d'un perchoir pour fondre au sol sur les insectes, etc. C'est en Europe du Sud qu'il passe l'été, nichant dans un trou d'arbre en rase campagne.

Huppe fasciée (3)
Oiseau de 28 cm, au chant sourd et grave, également très typé avec ses ailes blanche et noire et sa grande huppe, il passe beaucoup de temps au sol, changeant sans cesse de direction et picorant les larves d'insectes. Assez farouche, on le voit pendant l'été presque partout en Europe dans la campagne et les terres cultivées plantées d'arbres et habitées.

Tichodrome échelette (1)
Long de 16 cm, il niche en haute montagne pendant l'été et fréquente clochers et châteaux au cours de l'hiver. En quête d'insectes, on le voit arpenter les falaises, les rochers et les tours, s'aidant de coups d'ailes qui laissent entrevoir ses plumes rouges. Depuis le nord de l'Espagne jusqu'aux Balkans.

Grimpereau des jardins (2)
Comme les autres grimpereaux du centre et du nord de l'Europe, cet oiseau de 13 cm cherche les insectes en grimpant aux troncs des arbres. Il fréquente les parcs, les jardins, les bois d'essences à feuillage caduc du centre et du sud de l'Europe et d'Afrique du Nord.

Mésange rémiz (3)
Parmi les nombreuses mésanges d'Europe, certaines sont partout sédentaires, d'autres se rencontrent plus au nord. La Mésange rémiz (11 cm) niche dans la végétation surplombant l'eau, fréquente la Méditerranée et passe l'été en Europe centrale.

Loriot d'Europe (4)
Oiseau de 24 cm au distinctif plumage jaune et noir, difficile à distinguer en raison de sa posture permanente à la cime des arbres. Il passe l'été au sud et au centre de l'Europe, au Moyen-Orient et dans certaines parties du nord-ouest de l'Afrique et peuple les parcs et les forêts à feuillage caduc.

AUTRES OISEAUX

Moineau soulcie (1)
Long de 14 cm, vivant en petits groupes, il niche dans les endroits rocheux, les gorges et les montagnes, les villes et les zones cultivées. Sédentaire en Europe méditerranéenne et en Afrique du Nord. Apparentés, le Moineau domestique et le Moineau friquet sont courants en Méditerranée.

Bruant zizi (2)
Mesurant 16 cm, sédentaire en Europe du Sud, c'est l'un des divers bruants européens. À l'instar des autres bruants, son bec épais présente des bords coupants en forme de S. Le Bruant de rochers habite le maquis et les bois denses.

Traquet oreillard (1)
Les Traquets motteux sont de petits oiseaux gris (14 cm), blanc et noir, avec des couleurs plus vives pour les mâles. Plusieurs espèces migrent en Europe pendant l'été et vivent en rase campagne. Le Traquet oreillard fréquente en été toute la région méditerranéenne (sauf Corse et Sardaigne) dans la campagne rocheuse, le maquis et les vignes.

Traquet pâtre (4)
Cet oiseau de 12 cm habite la Méditerranée, nichant dans les bruyères et les ajoncs du maquis, les zones herbeuses et buissonneuses. C'est seulement l'été qu'il passe dans le reste de l'Europe.

Serin (1)
De la famille des fringilidés comme le Pinson et le Chardonneret, il mesure 11 cm. Les Serins habitent en Méditerranée et passent l'été plus au nord, dans les villages, les parcs et les bois. Apparenté au Canari domestique, il se nourrit au sol et chante du haut d'un perchoir.

Merle bleu (2)
Long de 20 cm, habitant la Méditerranée et l'Afrique du Nord, il vit dans les endroits rocheux, les falaises et les ruines, et se cache dans les rochers en cas de danger. Le Merle de roche migre durant l'été en des lieux similaires. Le mâle a la tête bleue ; celle de la femelle est mouchetée, comme celle du Merle bleu.

Acrobate roux (3)
Cet oiseau, qui mesure 15 cm, migre en été au sud de l'Espagne, dans les Balkans, la Grèce, l'Afrique du Nord et le Moyen-Orient. Il niche dans les zones arides et buissonneuses, les vignobles, les bois clairsemés, les haies et les jardins. On peut le voir souvent lever sa longue queue typique pour la mettre en éventail.

Rouge-queue noir (4)
Sédentaire en Méditerranée, de passage l'été en Europe centrale, cet oiseau de 15 cm niche dans les ruines urbaines, les jardins, les rochers et les falaises. On l'entend chanter à l'aube et au crépuscule depuis un haut perchoir.

CHAUVES-SOURIS

35 à 85 mm *Chiroptères*

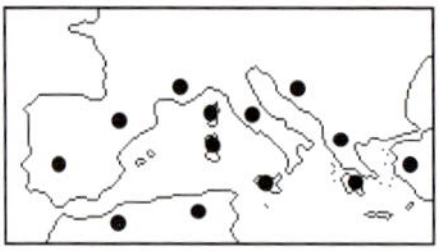

Petits mammifères volant la nuit, leurs ailes membraneuses sont faites de peau tendue entre les doigts de leurs membres antérieurs et postérieurs et le long de leur queue. Leurs genoux restent pliés vers l'extérieur.

Elles s'orientent dans l'obscurité par écholocation et attrapent les insectes en plein vol. Seules ou en colonies, elles se suspendent la tête en bas pendant la journée dans un replis d'écorce ou un trou d'arbre, mais aussi dans les grottes, les mines, les bâtiments ou sous les toits.

Environ 30 espèces sont présentes sur notre continent dans toute la Méditerranée et ses îles ainsi qu'en Afrique du Nord. Pendant les intempéries, dans le Nord de l'Europe, elles hibernent dans des cavernes et des mines.

Les chauves-souris sont difficiles à distinguer en vol. De près, elles diffèrent beaucoup, surtout par la forme de leurs oreilles et des replis cutanés sur leur face. Le **Vespertilion de Cappaccini** (1), le **Petit murin** (2) et la **Pipistrelle de Kuhl** (3) sont toutes méditerranéennes. Si la première habite dans les bois près de l'eau, les deux autres fréquentent les villes et les villages.

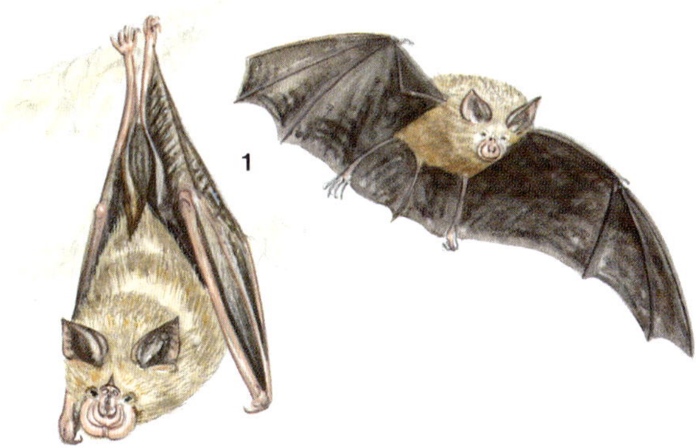

1

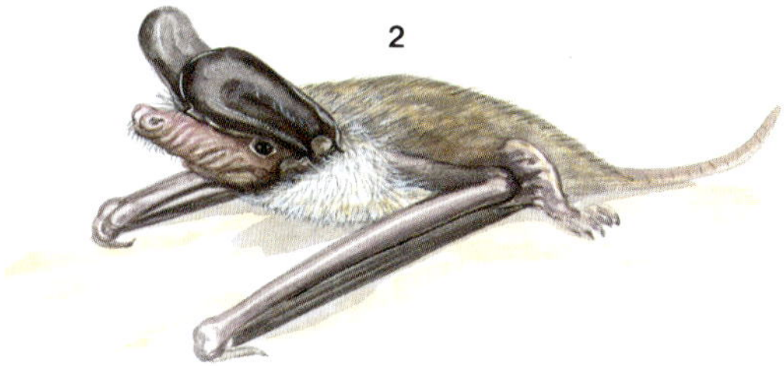

2

Rhinolophes (1)
Le repli cutané situé le plus bas sur leur face a la forme d'un fer à cheval. Il existe 5 espèces en Méditerranée, vivant toutes près des bois pendant l'été. Elles dorment le jour dans des grottes, mines ou trous, suspendues au « plafond » et enveloppées dans leurs ailes, volant la nuit, et souvent sur de longues distances. Elles hibernent dans des grottes ou des mines si l'hiver est rude ou si leur territoire est trop au nord.

Molosse (2)
Avec 85 cm, c'est la plus grande chauve-souris européenne, lourdement charpentée et dotée de très grandes oreilles. Près de la moitié de sa queue sort librement de la membrane ailée. Ces chauves-souris, qui vivent dans les mines et les vieux bâtiments urbains, volent vite et haut pendant la nuit. Elles sont présentes dans presque tout le sud de la Méditerranée, y compris les îles (du Portugal à la Grèce), au Moyen-Orient et dans certaines parties de l'Afrique du Nord.

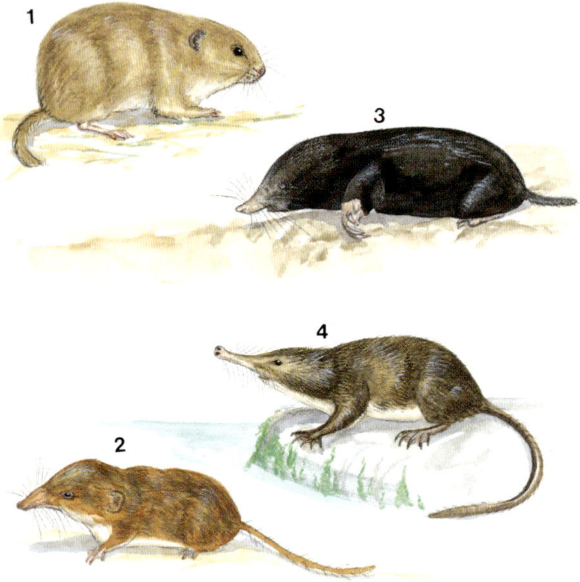

Rats, Souris et Campagnols (1)
Rongeurs nocturnes présents en Méditerranée, comme ailleurs en Europe, les rats (15 à 27 cm) et les souris (5 à 15 cm) ont une longue queue et un museau pointu. Les campagnols (8 à 22 cm), à la queue courte et au museau rond, sont diurnes. Quelques-uns se cantonnent au sud de l'Europe tel le **Campagnol des Pyrénées** (1), qui aime les prairies humides et les champs.

Musaraignes et taupes
Les musaraignes, insectivores, très petites (4 à 9 cm), sont dotées d'un museau très proéminent. On rencontre de nombreuses espèces en Europe et en Méditerranée, vivant aussi bien dans les zones humides que dans les bois et les prés. La **Musaraigne musette** (2) habite les bois et les jardins, parfois les bâtiments, de toute l'Europe du Sud. La **Taupe aveugle** (3), longue de 10 à 14 cm, qui vit dans un terrier et creuse des taupinières, comme la Taupe commune, arbore un pelage noir et dense et de petits yeux. Elle se cantonne au sud de l'Europe. Le **Desman des Pyrénées** (4), mesurant 12 cm, est un genre de taupe aquatique mince et agile, à longue queue, qui fréquente les berges des cours d'eau et les prairies marécageuses des montagnes du nord de l'Espagne.

LOIR, LÉROT et MUSCARDIN

Gliridés 6 à 19 cm

Petits mammifères à fourrure, à longue queue touffue, comme tous les rongeurs ils ont des incisives caractéristiques : deux sur la mâchoire supérieure, deux sur la mâchoire inférieure. Ils comptent quatre doigts aux pattes antérieures et cinq aux postérieures.

Ces animaux nocturnes sont parfois actifs à l'aube et au crépuscule. Le Muscardin des noisetiers est calme, bien qu'il pépie. Le Loir gris et le Lérot, qui sifflent et grognent, sont bruyants. Avec 19 cm, le premier est le plus grand et vit en importants groupes familiaux.

Trois espèces fréquentent la Méditerranée, peuplant les bois et les halliers, les haies, les jardins et les vergers. Ce sont de très bons grimpeurs. Ils hivernent dans les parties septentrionales de leur territoire.

Le **Muscardin des noisetiers** (1) est présent en France, en Italie, en Grèce, dans les Balkans, voire plus au nord. Le **Loir gris** (2) peuple l'Europe méridionale à partir du nord de l'Espagne et de nombreuses îles méditerranéennes. On rencontre le **Lérot** (3) dans toute l'Europe centrale et méridionale et dans le nord-ouest de l'Afrique.

HÉRISSONS et PORCS-ÉPICS

20 à 27 cm *Erinacéidés et Hystricidés*

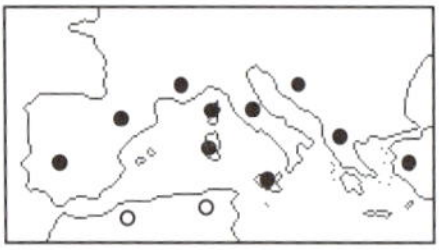

1

2

3

Mammifères ronds et assez petits au museau pointu, à la tête et au ventre poilus, leur dos est recouvert de piquants uniformes. Le **Hérisson commun** (1) a des piquants sombres s'étendant jusqu'au front, tandis que ceux du **Hérisson d'Algérie** (2) sont plus fins, séparés sur la tête par une « raie ».

Nocturnes, tous deux sont néanmoins actifs de l'aube au crépuscule, dans les haies sèches, la lisière des bois et les jardins ; ils se roulent en boule dès qu'ils se sentent menacés. Bruyant, le Hérisson commun renifle. Au contraire de ce dernier, le Hérisson vagabond est plus discret et n'hiberne pas.

Le Hérisson commun peuple toute l'Europe, y compris la Méditerranée sauf les îles Baléares. Quant au Hérisson d'Algérie, il se rencontre dans l'est de l'Espagne et le sud de la France, aux Baléares et en Afrique du Nord.

Le **Porc-épic** (3), bien qu'il ne s'y apparente pas, est le seul autre mammifère européen à piquants. Bien plus grand (68 cm), il présente de grands piquants à l'arrière du corps et sur la queue qu'il secoue et redresse quand il est menacé. Nocturne, il vit à couvert dans les champs secs et le maquis, en Italie, en Sicile, dans les Balkans et en Afrique du Nord.

SANGLIER

Sus scrofa 1,15 à 1,55 m ; 35 à 175 kg

1

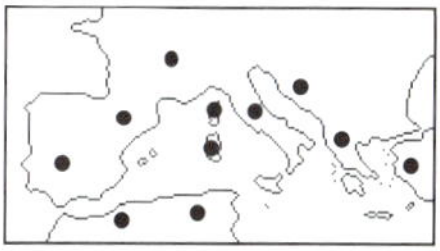

Massif cochon sauvage couvert de poils raides et sombres, à odeur pénétrante, à l'instar de tous les porcs, il a un groin aplati, de petits yeux et une queue fine au bout touffu. Ses sabots laissent des empreintes typiques. Les mâles arborent de grosses défenses pointant vers le haut.

Actif la nuit, il se repose le jour dans un lieu ensoleillé. Tandis que les femelles vivent en groupes avec les jeunes nés au printemps, les mâles sont solitaires. Insaisissable, il devient agressif s'il se voit acculé. Omnivore, il se montre friand de glands et de faines.

Il vit dans les bois d'essences mixtes à feuillage caduc, souvent à proximité de l'eau, dans toute l'Europe centrale et méridionale, de la péninsule Ibérique à la Grèce et aux Balkans et dans un grand nombre d'îles.

Ancêtre du cochon domestique, on ne connaît pas d'espèces similaires. Son pelage change de couleur avec l'âge : jusqu'à 6 mois, les **marcassins** (1) ont une robe rayée qui vire au roux jusqu'à 1 an, puis enfin au brun foncé.

CHAMOIS ou ISARD

1,10 m à 1,30 m ; 30 à 50 kg *Rupicarpa rupicarpa*

Mammifère caprin mesurant 70 à 80 cm au garrot, aux cornes minces et cannelées recourbées aux extrémités et à la tête portant des marques distinctives. Sa robe est brun-jaune en été, plus foncée en hiver. Il siffle et bêle en cas de danger.

Les femelles vivent en petits groupes avec leurs jeunes et parfois un mâle. Ces derniers évoluent souvent à part, seuls ou en petits groupes. Très à l'aise en montagne, surtout le jour, ils se reposent cependant à la mi-journée.

Peuplent aussi bien les bois d'essences mixtes et de conifères que les pentes voisines à découvert. On les rencontre dans les montagnes du nord de l'Espagne, de la Grèce, des Balkans, des Alpes et des Apennins.

Le **Bouquetin** (1) est une véritable chèvre sauvage fréquentant les hauteurs des Alpes, les montagnes espagnoles, plusieurs îles grecques dont la Crète, et le Moyen-Orient. Sa robe est plutôt grise, et la forme de ses grandes cornes cannelées et incurvées diffère selon les races et les régions.

MOUFLON

Ovis musimon 1,10 m à 1,30 m ; 25 à 50 kg

Ce mouton sauvage au poil court et non laineux mesure de 65 à 75 cm au garrot. Robe brune plus sombre par endroits ; ventre, pattes et muffle blancs ; flanc souvent taché de blanc. Grandes cornes recourbées chez les mâles, petites ou manquantes chez les femelles.

Très agile, plus actif la nuit, il se déplace avec aisance dans la montagne. Vit en troupeau conduit par une vieille brebis, les béliers fermant la marche. On peut les voir, paissant, au crépuscule. Leurs sabots laissent une empreinte caractéristique.

Jadis peuplant seulement les forêts montagneuses de Corse et de Sardaigne, il est aujourd'hui introduit dans d'autres montagnes méditerranéennes (notamment de la péninsule Ibérique), dans les Alpes et en Europe centrale.

Ancêtre sauvage du mouton domestique, le Mouflon de Corse est sans doute lui-même un descendant du Mouflon du Pamir *(Ovis ammon poli)* qui, avec ses 200 à 220 kg, est l'une des plus grosses espèces. Son *alter ego* vit dans les montagnes de l'île de Chypre.

AUTRES MAMMIFÈRES

1

3

2

Macaque de Barbarie (1)
Ce singe macaque sans queue, de 60 à 70 cm pour 5 à 10 kg, au corps trapu, à l'épaisse fourrure brune a une face nue au museau court et aux petites oreilles. Les adultes, qui atteignent 45 cm à l'épaule, marchent sur la plante des quatre « pieds » et grimpent bien. Actifs le jour, ils dorment la nuit dans des trous et des grottes. Ils vivent en groupes familiaux étendus conduits par un mâle dominant. En Europe, ils ne fréquentent que le Rocher de Gibraltar. On a relevé la présence de populations sauvages dans les montagnes boisées du nord-ouest de l'Afrique.

Carnivores
Divers mammifères carnivores vivent en Méditerranée, bien que la plupart se protègent des regards. Les renards, les blaireaux, les belettes et les martres sont présents dans toute l'Europe. Les régions reculées de l'Espagne et des Balkans en abritent de plus rares : quelques loups et quelques ours et, dans le maquis, le **Lynx pardé** (2). Des chacals vivent en Grèce et dans les Balkans, tandis que les Chats sauvages, très discrets, sont encore assez fréquents en Méditerranée. La **Genette** (3) est une mangouste nocturne fréquentant les forêts sombres et humides française et espagnole.

GECKOS

Geckonidés jusqu'à 15 cm de long, queue comprise

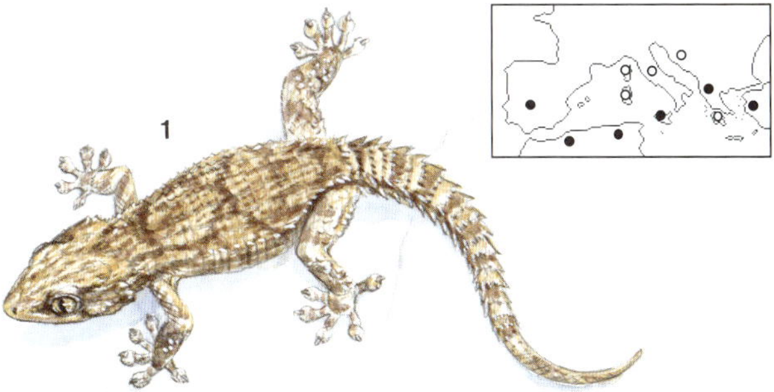

1

2

Petits lézards souvent rondelets à grosse tête et aux yeux globuleux. Leur peau est molle et granuleuse et ils présentent des sortes de ventouses caractéristiques sous chaque doigt. Contre toute apparence, leurs yeux restent ouverts en permanence ; en effet leurs paupières soudées sont devenues transparentes.

Fantastiques grimpeurs, on les voit sur les rochers, les murs, les plafonds, les amoncellements rocheux, au flanc des collines et des falaises et sur le tronc des arbres. Chassant de jour comme de nuit, ils sont parfois attirés vers les lumières où abondent les insectes.

Il y a quatre espèces en Méditerranée, qui vivent dans ses régions côtières chaudes et sèches de l'Espagne à la Turquie ainsi que dans les îles.

La Tarente (1), ronde, de couleur sombre, entre parfois dans les bâtiments pour chasser les insectes. Présente sur les côtes, de l'Espagne à la Grèce, mais aussi dans les terres pour la première. L'**Hémidactyle verruqueux** (2), quant à lui, est plus petit (10 cm, queue comprise) et plus clair. On le rencontre sur les côtes méditerranéennes, souvent près des agaves et dans les édifices.

LÉZARDS DES MURAILLES

8 cm *Podarcis sp.*

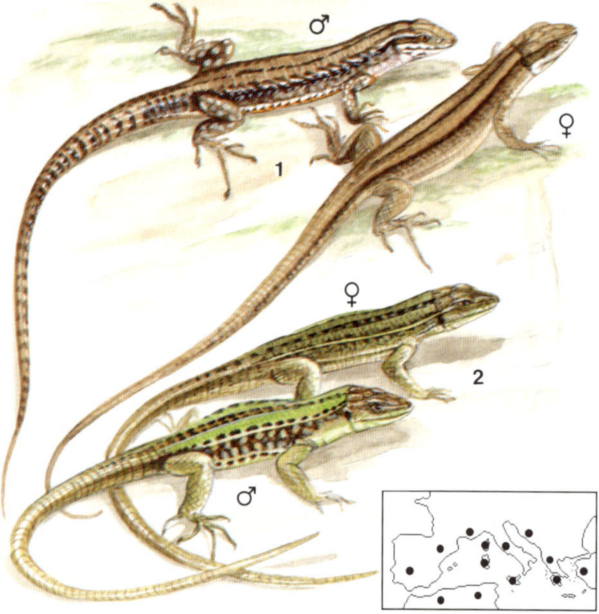

Petits lézards bruns ou verts, tachetés ou rayés. Peau couverte d'écailles, plus larges au niveau du ventre et de la tête. Son corps et sa queue sont longs et, pour de nombreuses espèces, aplatis. La tête se distingue du corps par un « collier » à bordure droite. Les mâles ont souvent le ventre rouge, orange ou bleu.

Ces lézards rapides et agiles sont connus pour se chauffer au soleil et filer à couvert à la moindre alerte. La couleur de leur corps s'accorde souvent avec leur habitat (ainsi les bruns vivent dans les rochers). Certains sont de bons grimpeurs, d'autres vivent au sol, mais tous se nourrissent d'insectes.

14 espèces en Méditerranée, souvent confinées à de petites régions. Sur les murs, les éboulis, les parapets et rochers ensoleillés, mais aussi dans les champs et dans les villes, les vignes, sur les bas-côtés, des plaines aux montagnes.

Le **Lézard des murailles commun** (1) est très répandu depuis le nord de l'Espagne au sud de l'Italie, mais également en Grèce et dans les Balkans. La péninsule Ibérique est fréquentée par un lézard similaire, également bon grimpeur. Le **Lézard des murailles italien** (2) vit plus au sol et se rencontre en Italie, Sardaigne, Corse et Sicile.

AUTRES LÉZARDS

Lézard vert (1)
Ce lézard de 13 cm, très vif, qui aime se chauffer au soleil, se cache dans les bois, les ronces ou les murs envahis de végétation. Présent dans toute l'Europe du Sud, il déserte la plupart des îles méditerranéennes. Le Lézard ocellé, similaire, atteint 20 cm. Il peuple les bois et les oliveraies de la péninsule Ibérique et du sud de la France. Le mâle arbore des ocelles bleues sur les flancs.

Acanthodactyle (2)
Ce lézard de 7,5 cm se repose la tête levée et s'enfuit en relevant la queue. Il vit dans les zones sableuses à maigre végétation de la péninsule Ibérique.

Caméléon commun (3)
Long de 30 cm (queue préhensile comprise). Ses yeux, bulbeux, bougent indépendamment, tandis que son corps, aplati latéralement, change de couleur avec l'environnement. Il se déplace lentement et grimpe dans les buissons. Dans les régions arides : Crète, maquis du sud de la péninsule Ibérique.

Stellion (4)
Lézard très reconnaissable (30 cm queue comprise) adorant le soleil. Vit en colonies dans les zones arides, sur les flancs rocheux des collines et dans les oliveraies, autour de Thessalonique et dans certaines îles grecques.

VIPÈRES

jusqu'à 65 cm pour la plupart *Vipera sp.*

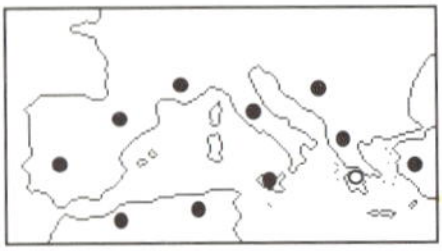

Serpents assez lourds et peu rapides. Les écailles qui recouvrent leur dos rappellent une carène et forment un dessin en zigzag sur la tête. Tête triangulaire, couverte de petites écailles ; petits yeux aux pupilles verticales. Certaines espèces arborent un genre de cornes sur le museau.

Seuls serpents européens vraiment dangereux, à la morsure venimeuse. Pacifiques si on ne les dérange pas. Ils vivent au sol en zones sèches : coteaux ensoleillés, bois clairsemés, pentes rocheuses, éboulis et murs de pierres sèches. C'est plutôt le jour ou pendant les nuits tièdes qu'ils se montrent actifs.

On connaît 7 espèces en Méditerranée, depuis le niveau de la mer jusqu'aux montagnes. Elles sont cependant absentes de beaucoup d'îles, dont les Baléares, la Corse, la Sardaigne et la Crète.

La morsure de la **Vipère aspic** peut être fatale. Présente depuis le Nord de l'Espagne à l'Italie, en Sicile et en France, sa teinte varie de celle de l'espèce typique (1) au noir. La **Vipère unicorne** (2), qui vit dans les Balkans, en Grèce et en Italie du Nord, est également dangereuse. Quant à la **Vipère lataste** (péninsule Ibérique), si elle lui ressemble, elle n'est cependant pas dangereuse.

COULEUVRES

Coluber sp. Jusqu'à 2 m, souvent moins

1

2

3

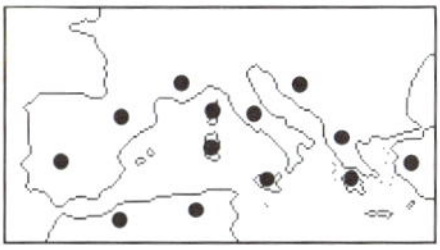

Ces serpents, qui sont relativement minces, ont une tête caractéristique ; le dessus est couvert de quelques grandes écailles et leurs yeux renferment des pupilles rondes. Il y a 6 espèces en Europe, chacune présentant une peau aux marques distinctives. La peau des jeunes présente des motifs distinctifs.

S'ils vivent au sol, ils peuvent néanmoins grimper. Non venimeux, mais souvent agressifs, ils mordront si on les manipule, à l'instar de la Couleuvre verte et jaune et sa sous-espèce des Balkans. Diurnes, ils chassent des petits mammifères, oiseaux, insectes, etc.

Aiment les endroits chauds et secs : flancs de colline rocheux à végétation éparse, maquis, garrigue, bois et broussailles. Dans toute l'Europe méditerranéenne et la plupart des îles (sauf les Baléares) et en Afrique du Nord.

La **Couleuvre fer-à-cheval** (1) vit dans le sud et le centre de la péninsule Ibérique ; la **Couleuvre verte et jaune** (2), du nord de l'Espagne et de la France à l'Italie et la Sicile, en Sardaigne et en Corse. Son corps est couvert de dessins noir et jaune, même si le noir domine. La **Couleuvre de Dahl** (3) vit en Grèce et dans les Balkans.

COULEUVRES ÉLAPHE

souvent jusqu'à 1,50 m *Elaphe sp.*

Ces serpents, moyens ou grands, ont une tête au dessin caractéristique en forme de V. Le dessus de la tête est couvert de quelques grandes écailles et les pupilles sont rondes. On compte 4 espèces dans le sud de l'Europe, chacune portant une marque distinctive, y compris les jeunes par rapport aux adultes.

Bien qu'ils vivent au sol, ils grimpent aussi sur les buissons, les rochers et les murs. De mœurs diurnes, ils mangent de petits mammifères, oiseaux et lézards qu'ils étouffent dans leurs anneaux. Aucun n'est venimeux, mais la Couleuvre à échelons est agressive si elle perçoit une menace.

La Couleuvre à quatre bandes vit dans les lieux humides et chasse par temps couvert et pluvieux. Les autres préfèrent les endroits secs et ensoleillés : coteaux rocheux, vignes, talus, haies, ruines et bois clairsemés.

La **Couleuvre à quatre bandes** (1), qui est la plus grande (jusqu'à 2,50 m), vit, avec la **Couleuvre léopard** (2), dans les Balkans, en Grèce, en Italie et en Sicile. La **Couleuvre d'Esculape** (3), quant à elle, apprécie le sud de l'Europe, depuis le nord de l'Espagne jusqu'à la Grèce et aux Balkans. La **Couleuvre à échelons** (4) ne vit que dans la péninsule Ibérique et le sud de la France.

AUTRES SERPENTS

Couleuvres aquatiques
Ces serpents assez trapus atteignent 1,20 m. Le dessus de leur tête porte de larges écailles et leurs pupilles sont rondes. Ils vivent dans l'eau ou près de l'eau, dans les prairies et les bois humides. En Europe, on dénombre 3 espèces non venimeuses : la **Couleuvre à collier**, commune sauf dans les Baléares et certaines îles grecques ; la **Couleuvre vipérine** (1), la plus petite, dans la péninsule Ibérique, aux Baléares, en France et en Sardaigne ; enfin la **Couleuvre quadrillée** (2), la plus aquatique, en Italie, en Crète et dans les Balkans. Ces deux dernières sifflent et attaquent en cas de menace.

Couleuvre de Montpellier (3)
Long serpent de 2 m, robuste, aux « sourcils » proéminents se prolongeant jusqu'au museau, la tête se creusant entre les sourcils. Venimeuse mais non mortelle, elle mord en cas de manipulation. Dans les bois clairsemés, la campagne rocheuse et les terres arables (péninsule Ibérique, France, Grèce et Balkans).

Couleuvre girondine (4)
Mesurant 50 cm, elle fréquente les bois secs et clairsemés, les haies, près des amas végétaux ou pierreux. De la péninsule Ibérique à l'Italie et la Sicile. La Couleuvre lisse, similaire, peuple toute l'Europe ; elle mord, mais n'est pas venimeuse.

TORTUES

carapace atteignant 25 cm *Testudinidés*

1

2

Ces reptiles ont une carapace en dôme formée de plaques cornées couvrant le corps. La carapace dorsale rejoint une plaque ventrale plate sous le corps. La tête, les membres et la queue sortent de dessous la carapace. Leur peau est couverte d'écailles.

Animaux lents, actifs le matin et le soir, ils fréquentent souvent une végétation dense et résident dans des habitats divers (plaines herbeuses, flancs des collines rocailleuses et buissonneuses, terres cultivées, bois et vieilles dunes près des côtes).

Il y a trois espèces en Europe, dont la **Tortue d'Hermann** (1), de l'Italie du Nord à la Grèce et aux Balkans, en Sardaigne et en Corse, et la Tortue grecque, dans le sud de l'Espagne, en Italie et en Corse.

Les cistudes sont une espèce aquatique apparentée, à carapace aplatie et pattes palmées. Il en existe deux espèces en Europe. **La Cistude d'Europe** (2) vit dans les eaux dormantes ou à cours lent et dans les marais de l'ensemble de l'Europe méridionale.

CRAPAUDS

Bufonidés

jusqu'à 15 cm

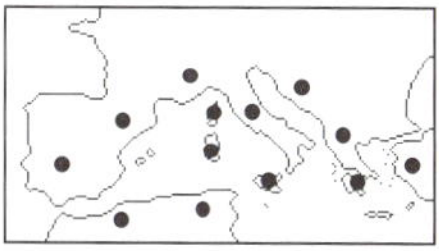

1

2

Amphibiens sans queue, à la peau sèche et verruqueuse, ils ont une glande à venin en arrière de l'œil. Avec des membres inférieurs relativement courts comparés aux grenouilles, les crapauds, généralement, marchent ou courent, mais peuvent aussi sauter s'ils sont effrayés.

Surtout nocturnes et terrestres, sauf à la saison des amours où les mâles se rassemblent dans les étangs et cours d'eau lents pour chanter en chœur durant la nuit. Les femelles pondent des cordons d'œufs. Les têtards, plus petits que ceux des grenouilles, vivent dans l'eau.

Ils occupent une grande diversité d'habitats, généralement assez secs, dans les bois, les lieux sablonneux, et souvent autour des villes et villages. Plusieurs espèces vivent en Europe, y compris en Méditerranée.

Le **Crapaud vert** (1) peuple les Baléares et l'Italie jusqu'à l'Asie ; il vit souvent dans les villes et villages. La variété méridionale du **Crapaud commun** (2), la plus grande d'Europe, a une peau épineuse. Elle vit dans toute l'Europe méditerranéenne, à l'exception des îles. Le **Crapaud des joncs** est plus petit et vit dans les lieux sableux de l'Europe de l'Ouest.

GRENOUILLES

généralement jusqu'à 10 cm *Ranidés*

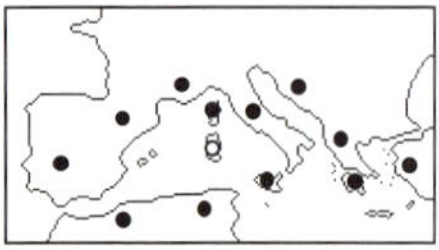

Amphibiennes et dépourvues de queue, elles ont un corps court et de longues pattes arrière. Leur peau est lisse et humide, sans écailles. Les grenouilles sautent sur la terre ferme et sont de fort bonnes nageuses.

Les adultes vivent dans les lieux humides ou carrément dans l'eau. Au printemps, ils s'accouplent également dans l'eau et les femelles pondent leurs œufs en masses gélatineuses. Les jeunes portent le nom de têtards et vivent dans l'eau.

On les croise dans toute l'Europe près des marais, étangs, fossés, rivières, ruisseaux et prairies humides. Les espèces illustrées ici évoluent toutes en Méditerranée.

Les grenouilles vertes, telles la **Grenouille rieuse** (1) et la **Grenouille verte** (2) sont bruyantes, grégaires et plutôt aquatiques. Au printemps, les mâles coassent avec force en gonflant leurs sacs vocaux. Les grenouilles brunes, telle la **Grenouille agile** (3), sont plus terrestres et solitaires (sauf au printemps) ; les mâles coassent calmement (ils n'ont pas de sacs vocaux).

AUTRES AMPHIBIENS

Rainette verte (1)
Petite grenouille (5 cm) aux longues pattes et aux doigts dotés de disques adhésifs, qui grimpe aux arbres. Surtout nocturne, dans les buissons, les arbres et les roselières. Les mâles chantent en chœurs bruyants dès le printemps. Presque partout en Méditerranée.

Crapaud accoucheur (2)
Nocturne, avec ses 5 cm, il se cache dans les crevasses, les jardins, les bois et les carrières. Si on l'entend, il est difficile à voir. Au printemps, le mâle enroule les œufs autour de ses pattes arrière jusqu'à l'éclosion. Il fréquente la péninsule Ibérique et le sud de la France.

Pélobate cultripède (3)
Grand crapaud de 10 cm présentant un tubercule métatarsien noir et effilé sur la patte arrière. Surtout nocturne, il vit dans un terrier situé dans un lieu sableux près de la côte ou dans les zones marécageuses de la péninsule Ibérique et du sud de la France. Des espèces similaires vivent ailleurs, en Europe et en Afrique du Nord.

Sonneur à ventre jaune (4)
Long de 5 cm, ce petit crapaud vif, aquatique, vit en colonies dans et près des points d'eau peu profonds, dans tout le sud de l'Europe sauf dans la péninsule Ibérique, la plupart des îles et le sud de la Grèce.

LES PORTE-QUEUE

Envergure de 50 à 75 mm *Papilionacés*

1

2

Ces grands papillons vivement colorés ont, pour la plupart, des ailes jaunes, rayées et bordées de noir. Le Flambé est jaune pâle ou blanchâtre avec des bandes noires. Toutes les espèces sont dotées d'ailes postérieures à longue queue bordées d'une bande noire tachetée de bleu.

Ils volent du printemps à l'été, mais se font rares avant les chaleurs de l'été. S'arrêtant seulement pour pomper le nectar des fleurs, ils alternent battements d'ailes et vols planés et peuvent parcourir ainsi de longues distances.

4 espèces peuplent régions herbeuses, vergers et jardins depuis les plaines jusqu'aux montagnes de l'ensemble de l'Europe continentale, particulièrement du Sud, les îles méditerranéennes et l'Afrique du Nord.

Le **Flambé** (1), le plus commun en Méditerranée, se rencontre dans les vergers où sa chenille se nourrit des feuilles des arbres et arbustes (pommier, prunier, amandier et aubépine). Le **Machaon** (2), quant à lui, vit dans les prairies fleuries du Nord de l'Europe et de la Méditerranée. Sa chenille, bariolée, se nourrit d'ombellifères (carotte, fenouil, cumin).

LES AURORE

Anthocaris sp.
Envergure de 30 à 50 mm

Papillons blancs ou jaunes de la famille des Piérides, les mâles ont l'extrémité de l'aile antérieure orangée. Les deux sexes ont le dessous de l'aile postérieure marbrée de vert ou de gris. Tous ont une tache noire presque au centre de l'aile antérieure.

Ils volent au printemps, principalement d'avril à mai. Leur vol est généralement syncopé. On les rencontre dans les régions herbeuses, en lisière de bois, dans les plaines et les montagnes (où ils apparaissent plus tardivement), dans la garrigue et les zones rocheuses dégagées.

Il existe, souvent présentes en grand nombre, plusieurs espèces en Europe. Une seule se retrouve dans toute l'Europe, d'autres seulement en Méditerranée et dans le nord-ouest de l'Afrique.

L'**Aurore** (1) est blanc. Peuplant toute l'Europe, il est commun en Méditerranée. Sa chenille se nourrit de Crucifères sauvages comme la cardamine et l'alliaire. L'**Aurore marocain** (2) est jaune, à l'instar de beaucoup d'autres espèces méditerranéennes similaires.

LE CARDINAL

Envergure de 60 à 80 mm *Pandoriana pandora*

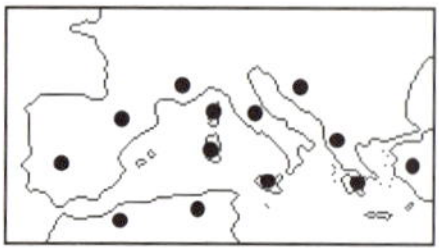

1

Ce grand papillon de la famille des Nymphalidés, aux ailes brunes ombrées de gris-vert, est constellé de taches et de lignes noires comme tous les Nymphalidés. Les ailes postérieures présentent un envers vert caractéristique et des motifs argentés. L'envers des ailes antérieures est, quant à lui, rouge rosé.

Se rencontre dans les prairies fleuries, en plaine comme en montagne. L'adulte vole de juin à juillet. La chenille (comme celles de beaucoup de Nymphalidés) se nourrit de violettes.

Parmi les nombreuses espèces de Nymphalidés en Europe, c'est l'une des plus grandes. Contrairement à beaucoup d'autres espèces, le Cardinal est confiné à l'Europe méridionale et à l'Afrique du Nord.

L'Argynne tabac d'Espagne, qui est similaire, n'a pas cette nuance verdâtre, comme d'ailleurs la plupart des autres Nymphalidés. D'autres espèces sont plus petites, à l'instar de la **Mélitée orangée** (1) et du Chardon-béni, tous deux communs dans les prairies sèches et chaudes de Méditerranée, surtout à la fin de l'été.

AUTRES PAPILLONS

1

3

2

4

Beaucoup d'autres papillons, sans être spécifiques à la Méditerranée, n'en sont pas moins représentatifs de sa faune :

La Vanesse-des-chardons (1)
Son envergure va de 54 à 58 mm. Ces papillons vivent au nord de l'Afrique et migrent en essaims en Méditerranée et dans le reste de l'Europe pendant l'été.

Le Paon du jour (2)
D'une envergure de 54 à 58 mm, ce papillon est présent au printemps et à la fin de l'été dans toute l'Europe. Il déserte cependant la Crète, la Grèce et l'Afrique du Nord.

Nombre de papillons du nord de l'Europe ont des parents méridionaux tels :

La Vanesse jaune (3)
Très similaire à la Vanesse chardon-blanc rencontrée en Europe (45 mm d'envergure), bien que confinée au sud. Vole de mai à juin et d'août à septembre dans les zones rocheuses, arides et chaudes.

Le Petit Sylvain (4)
Avec une envergure de 46 à 54 mm, il est très similaire au Sylvain azuré d'Europe centrale. On le trouve du nord de l'Espagne à la Grèce. Les deux espèces volent en été dans les endroits boisés et buissonneux.

1

2

3

4

Les Colias (1)
Mesurant de 42 à 56 mm, ces papillons arborent, tel le Souci, des ailes jaune vif ou jaune orangé bordées de noir. Plusieurs vivent en Méditerranée ou migrent en Europe. Au printemps et en été, dans les zones dégagées et les pâturages.

Le Citron de Provence (2)
50 à 60 cm. Ailes jaunes caractéristiques : les antérieures sont recourbées tandis que les postérieures, comme celles du Citron avec lequel il est apparenté, sont anguleuses. Les mâles ont les ailes antérieures nuancées d'orange. Au début de l'été ; bois clairsemés de l'Europe du Sud et de l'Afrique du Nord.

Euchloe simplonia (3)
C'est l'un des nombreux papillons similaires d'Europe (envergure de 40 à 48 mm), apparenté aux Aurore et aux Piérides. Ils ont tous l'extrémité des ailes antérieures tachetée de noir et l'envers des ailes postérieures marbré de vert. Dans le Sud, sur les coteaux et les pâturages pierreux, de mars à juin.

Demi-deuil et apparentés (4)
Il possède des ailes blanc crème veinées de brun noir d'une envergure de 46 à 60 mm. Plusieurs espèces en Europe, l'une en plaine, les autres en montagne, peuplent la Méditerranée. De mai à juillet dans les zones rocheuses et herbeuses.

AUTRES PAPILLONS

Le Pacha à deux queues (1)
Arborant des ailes brunes bordées de jaune dont l'envergure est de 76 à 80 mm, il possède une aile postérieure à deux queues. L'envers des ailes est d'un brun strié de bandes blanches et jaunes. Il vole, toujours près de la mer, de mai à juin et d'août à septembre sur presque toute la côte méditerranéenne (sauf l'Espagne).

L'Échancré (2)
Il a des ailes brun foncé, ornées de taches orange, et fait 30 à 40 cm d'envergure. L'aile antérieure porte un unique point blanc près de l'extrémité. Il vit dans les bois mixtes et les terres dégagées, près des Micocouliers dont se nourrit sa chenille. Les adultes volent au printemps et en été. Il est présent dans toute l'Europe du Sud, de l'Espagne à la Grèce, et en Algérie.

La Proserpine (3)
Ce papillon remarquable, de 45 mm d'envergure, est constellé de taches rouge et jaune formant des motifs en zigzag sur les ailes. Il vole à la fin du printemps dans les zones et collines rocheuses et sauvages, surtout près des côtes, en Espagne, au Portugal et dans le sud de la France. La forme méridionale est une espèce similaire de montagne trouvée dans les Alpes, en Italie, en Grèce et dans les Balkans.

SPHINX

Envergure de 4 à 13 cm *Sphingidés*

Ce sont des papillons nocturnes, moyens à grands, au corps épais. Leurs ailes antérieures, de forme caractéristique, sont étroites, longues et puissantes ; les postérieures sont petites. On rencontre de nombreuses espèces en Europe.

La plupart sont des voiliers rapides, attirés par les lumières, volant de nuit et migrant sur de longues distances. Ils se nourrissent du nectar des fleurs qu'ils pompent grâce à leur longue « trompe » (ou proboscis). Certains sont capables de voler sur place.

Ils évoluent dans une grande variété d'habitats (bois mixtes ou de conifères à feuillage persistant, maquis, garrigue), puisant le nectar des fleurs et voletant près des plantes dont se nourrissent les chenilles.

Le **Sphinx du caille-lait** (1) et les ***Hemaris*** (2) volent le jour, faisant du surplace pour pomper le nectar des fleurs. Voiliers nocturnes, le **Sphinx du laurier-rose** (3) et le **Sphinx tête-de-mort** viennent d'Afrique pour passer l'été dans le sud de l'Europe. Le **Sphinx du chêne**, que l'on trouve près des forêts de chênes-lièges, vit toujours en Méditerranée.

AUTRES PAPILLONS NOCTURNES

Parmi tous les papillons nocturnes vivant en Europe et en Méditerranée, certains sont très colorés :

Le Grand paon de nuit (1)
Avec une envergure de 10 à 15 cm, c'est le plus grand papillon nocturne européen. Volant de nuit dans les bois, les vignobles et les vergers, il est attiré par la lumière. Europe méditerranéenne et Afrique du Nord.

L'Accordée (2)
Les ailes postérieures rouge rosé du papillon (envergure 60 à 70 mm) apparaissent quand le papillon s'envole. C'est l'une des 25 espèces européennes de Lichenées, confinée au sud.

Les Écailles
Plusieurs espèces en Europe (40 à 80 mm d'envergure), volant de nuit au-dessus des prairies et des bois et attirés par les lumières. L'**Écaille chinée** (3) est une espèce méridionale (parfois en grand nombre dans la Vallée des papillons de l'île de Rhodes).

Les Zygènes
Envergure 25 à 40 mm. Ailes noires souvent ornées de taches blanches, jaunes, rouges ou vertes. Elles volent le jour à flanc de colline ou au-dessus des zones herbeuses sauvages. Présentes dans toute l'Europe ou cantonnées au sud, telle la **Zygène du trèfle** (4).

GUÊPES FOUISSEUSES

jusqu'à 30 mm — *Sphécidés*

1

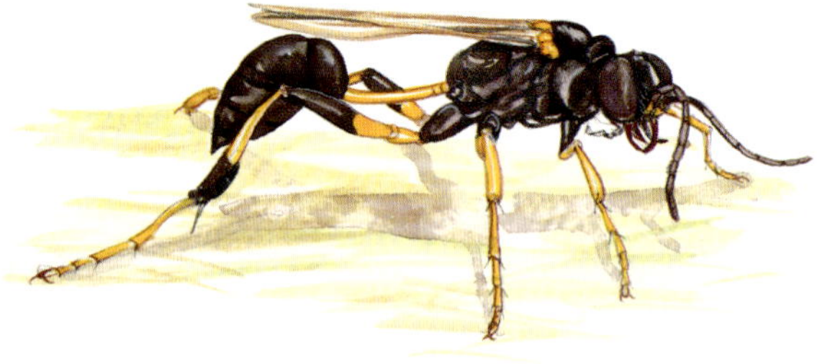

2

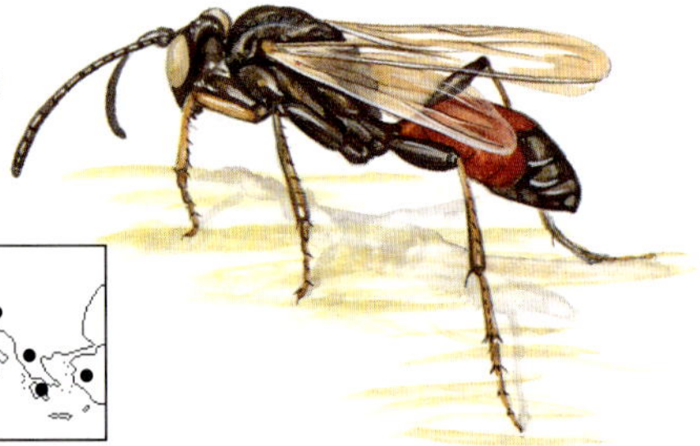

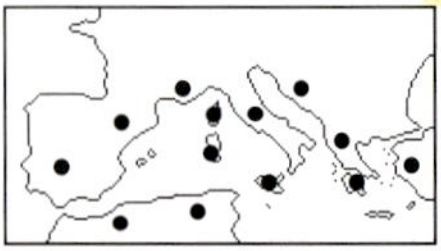

Ces guêpes, petites à assez grandes, souvent noires ou brunes avec diverses marques colorées, arborent une taille filiforme entre thorax et abdomen. Elles portent, à l'arrière de la tête, un « collier » caractéristique. Au repos, les ailes sont posées à plat sur le corps.

Chez la plupart des espèces, la femelle creuse une galerie dans le sol, de préférence sableux, où elle apporte des insectes paralysés destinés à nourrir ses larves. On peut observer ces guêpes butinant les fleurs, chassant des insectes ou creusant des galeries.

Plusieurs espèces en Europe, certaines cantonnées au sud et à la Méditerranée, comme celles décrites ci-dessous, évoluent dans les bois, le maquis, la garrigue et les endroits au sol sableux.

La **Pélope** (1), qui construit des nids de boue contre les rochers, les arbres et bâtiments, y apporte des araignées pour nourrir ses larves. L'espèce ***Sphex*** (2) creuse des galeries dans les sols sableux où elle engrange sauterelles et criquets.

AUTRES GUÊPES

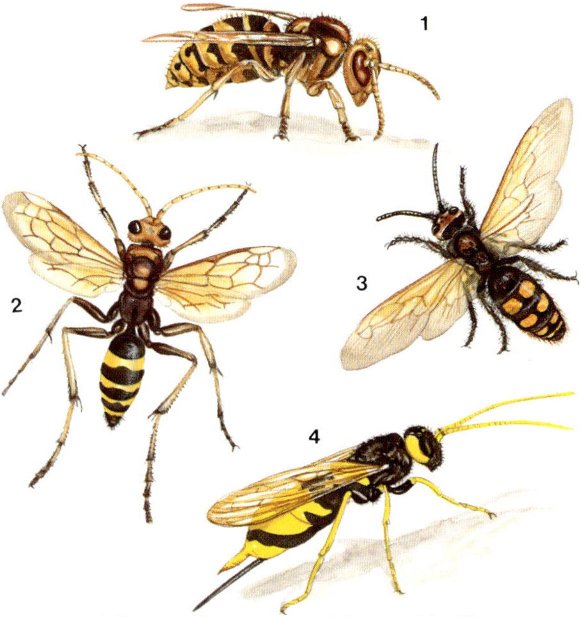

Guêpes et abeilles sont présentes en Méditerranée comme en Europe.

Frelon (1)
Grosse guêpe (jusqu'à 3 cm), très commune. Elle fait son nid dans des trous d'arbres, des murs et des cheminées. Sa piqûre, dangereuse, est de plus très douloureuse.

Guêpes pompiles
Présentes dans toute l'Europe, certaines espèces sont propres à la Méditerranée, telle ***Cryptocheilus comparatus*** (2), l'une des plus grandes (25 mm). Comme tous les Pompilidés, elle chasse les araignées. Outre la garrigue, elle fréquente les endroits secs et rocheux.

Guêpes scolides (3)
Grands insectes (jusqu'à 4 cm) peu agressifs malgré leur dard. Plusieurs espèces similaires sont visibles, dans l'ouest et le sud de l'Europe, en été sur les fleurs. Les femelles pondent leurs œufs dans des larves de hanneton.

Sirex géant (4)
Cet insecte de 4 cm n'est pas une guêpe, mais une mouche à scie dépourvue de dard. La femelle possède un large ovipositeur (ou scie) qui lui permet de pondre ses œufs dans les pins. Commune en Méditerranée et comptant plusieurs espèces similaires, elle fréquente les pinèdes de toute l'Europe.

ABEILLE PERCE-BOIS

20 à 24 mm *Xylocopa violacea*

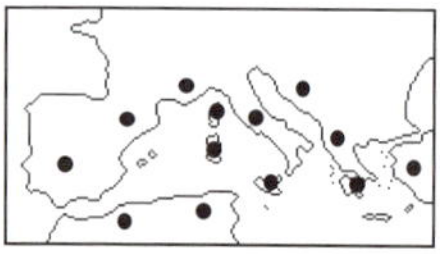

Cette grosse abeille, d'un noir bleuté et métallique, a des pattes et un corps très velus. Fort rapide et dépourvue d'agressivité, elle pique rarement.

Au printemps, la femelle creuse des chambres d'incubation dans les branches et les troncs d'arbres morts afin d'y pondre ses œufs. Les larves s'y développent et en émergent une fois adultes, en été et automne. Ces derniers hibernent jusqu'au printemps, et le cycle reprend.

On peut la rencontrer, souvent dans les zones boisées, collectant pour ses larves le pollen des fleurs. Elle est présente dans toute la Méditerranée, en Europe centrale et en Europe du Sud.

Il y a plusieurs espèces similaires d'Abeilles perce-bois en Europe de l'Ouest. Les nombreuses espèces de bourdons, qui volent moins vite, arborent souvent sur leur corps très velu des motifs orange ou jaunes. On en dénombre dans l'ensemble de l'Europe.

FOURMIS

Formicidés — jusqu'à 10 mm pour la plupart

1

2

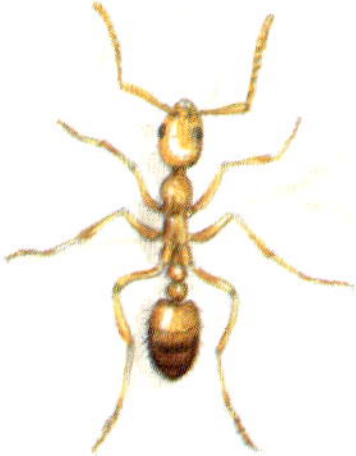

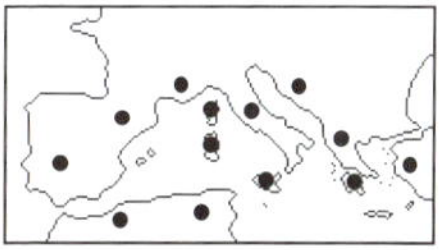

Insectes orange, rouges, bruns ou noirs, généralement petits, à la taille (entre thorax et abdomen) fine et aux antennes coudées. Les ouvrières, aptères, sont les plus faciles à voir. Si la plupart mordent en cas de danger, certaines projettent de l'acide.

Elles vivent en nids d'où rayonnent des pistes allant dans toutes les directions. Dans chaque nid, on trouve une reine et de nombreuses ouvrières. À certains moments de l'année, elles essaiment ; de petits mâles et de grosses femelles, lesquelles formeront ensuite de nouveaux nids, s'envolent alors pour s'accoupler.

Communes dans les bois, le maquis, la garrigue, les prairies, les bâtiments et jardins des villes, elles nichent dans les crevasses, le sol, les aiguilles de pin, le bois pourri, etc. On les rencontre dans toute la Méditerranée.

On croise beaucoup d'espèces en Europe, et quelques-unes dans le Sud. ***Camponitus vagus*** (1) est l'une des plus grandes. Elle niche dans les bois, au creux du tronc des arbres morts. La **Fourmi pharaon** (2), très petite, est remarquable pour ses déplacements en longues colonnes dans le maquis et la garrigue. Elle s'avère parfois nuisible pour les constructions.

SCARABÉES et HANNETONS

jusqu'à 40 mm *Scarabéidés*

1

2

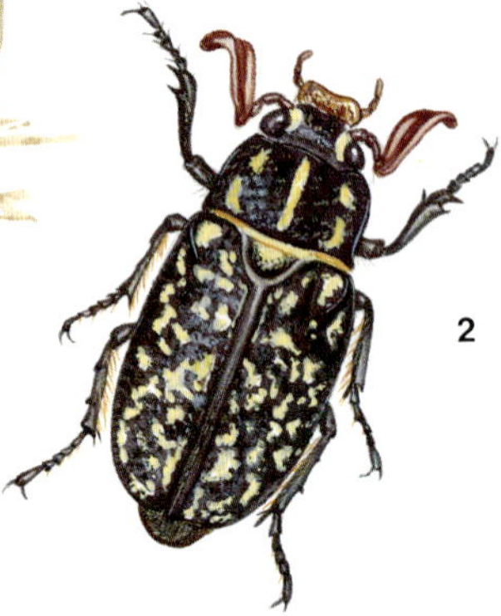

3

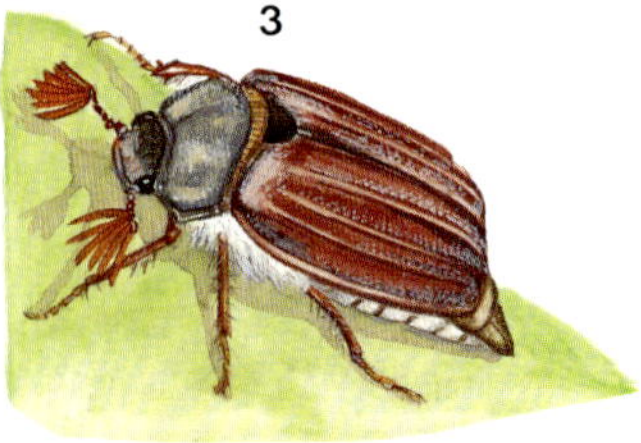

Les scarabées ont un gros corps convexe et une tête volumineuse. Les ailes antérieures sont des élytres cuirassées, à l'arrière tronqué, recouvrant néanmoins les ailes postérieures, membraneuses. Leurs antennes coudées se terminent en massue.

Bien que massifs, les scarabées peuvent voler, parfois assez bien. Certains se nourrissent d'excréments, dans lesquels ils déposent leurs œufs. Les hannetons adultes, quant à eux, se nourrissent de feuilles et du pollen des fleurs ; leurs larves, nuisibles, vivent dans le bois ou sous le sol.

Les hannetons vivent dans les forêts et le maquis, mais aussi dans les villes et les jardins. Les scarabées préfèrent les endroits sableux ou l'abord des côtes. Ces deux familles sont présentes dans toute l'Europe et en Méditerranée.

Scarabeus semipunctatus (1) est l'une des diverses espèces similaires de scarabées trouvées sur les côtes sableuses de la Méditerranée. Le **Hanneton foulon** (2) est l'un des plus grands hannetons (dont il existe de nombreuses espèces) ; il vit dans les pinèdes du sud de l'Europe. Le **Hanneton commun** (3), que les lumières attirent sitôt adulte, est répandu dans l'Europe entière.

LONGICORNES

Cérambycidés

jusqu'à 60 mm

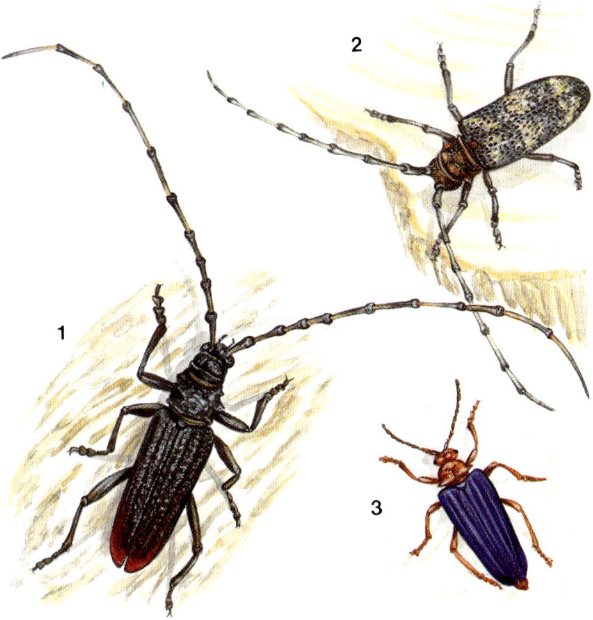

Coléoptères au corps allongé, cylindrique et fréquemment assez aplati, leurs ailes antérieures sont souvent très colorées. Leurs antennes sont caractéristiques : elles représentent au moins la moitié de la longueur de leur corps, voire bien plus longues.

Elles se déplacent rapidement et volent aisément, de jour comme de nuit. Beaucoup peuvent émettre une forte stridulation en cas de danger. Parce qu'elles se nourrissent de pollen, on les trouve auprès des fleurs et des arbres. Les larves, qui grignotent le bois, causent ainsi de grands dommages aux forêts.

Un grand nombre d'espèces peuplent l'Europe et toute la Méditerranée. On peut en rencontrer pendant l'été dans les bois et les forêts.

Le **Grand capricorne** (1) vole le soir dans les chênaies ; c'est le plus grand coléoptère d'Europe et, en vol, il peut être pris pour un petit oiseau. ***Monochamus galloprovincialis*** (2), quant à lui, se rencontre dans les pinèdes. Le plus coloré, le **Rhamnusie du saule** (3), vole à proximité des bois d'essences caduques, et souvent dans les villes.

AUTRES COLÉOPTÈRES

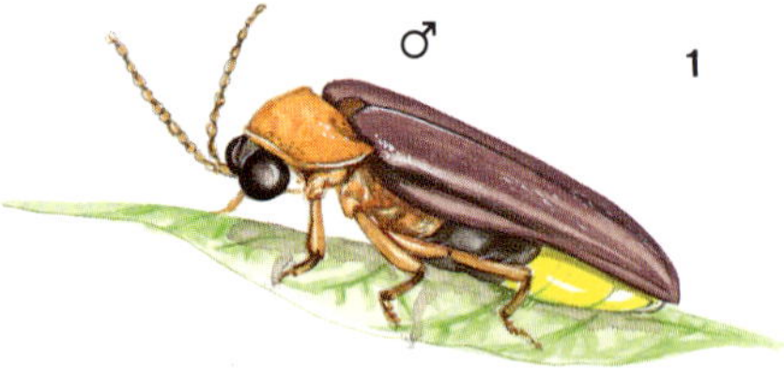

1

2

3

Lucioles
Ces coléoptères allongés, au corps mou, aux ailes antérieures assez souples, atteignent 15 mm. L'avant du thorax, étendu, recouvre la tête, tandis que l'arrière de l'abdomen révèle la présence d'un organe luminescent. On compte plusieurs espèces en Europe vivant dans les lieux herbeux et buissonneux. La **Luciole du Portugal** (1) vit dans toute la Méditerranée. Pendant les nuits d'été, le mâle vole en émettant une lumière jaune – ou verte selon l'espèce – qui attire les femelles tapies dans la végétation, à laquelle elles répondent par une émission.

Cantharide vésicante ou Mouche d'Espagne (2)
Le corps de ce coléoptère cuirassé de 2 cm, à tête volumineuse et au cou étroit, à l'odeur caustique et âcre, contient un poison fort toxique. L'insecte, qui vit en Europe du Sud, se nourrit en particulier sur les frênes et les troènes.

Trichode (3)
Vivement coloré et assez velu, ce coléoptère de 15 mm appartenant à l'une des rares espèces européennes de Clérídés, principalement tropicales, est assez présent en été sur les fleurs, particulièrement celles de la famille de la carotte.

FOURMILIONS

Myrméléonidés — jusqu'à 10 cm d'envergure

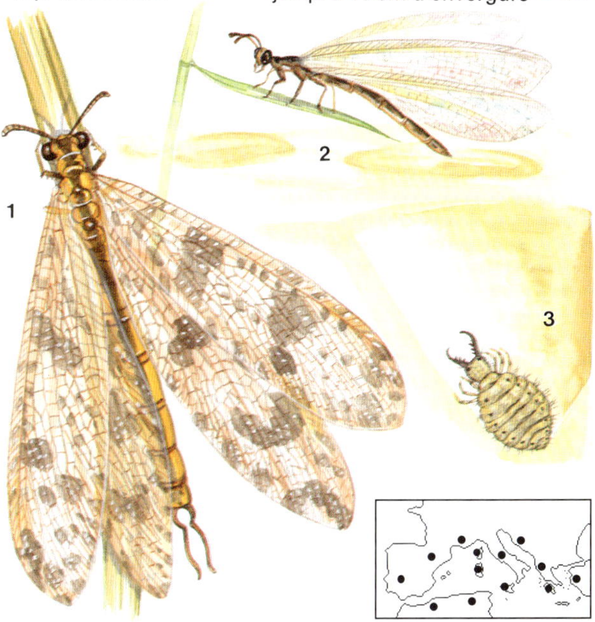

Ces grands insectes au long corps étroit, dotés de quatre ailes délicates finement nervurées, présentent, au repos, les ailes repliées en toit. Leurs antennes, terminées par des massues, sont courtes et robustes ; leur vol est lent et papillonnant.

Se déplaçant généralement au crépuscule ou pendant la nuit, attirés par les lumières, ils ne volent de jour que s'ils sont dérangés ; ils se reposent à l'abri de la végétation. Les larves chassent, cachées dans un lit de feuilles ou au fond d'un entonnoir creusé dans le sol sableux.

On les rencontre dans les régions sèches et chaudes, les bois de chênes et de pins, le maquis, la garrigue, les dunes côtières et les terrains vagues. Il y a environ 40 espèces en Europe, la plupart en Méditerranée.

Le **Fourmilion tacheté** (1) vit dans les steppes herbeuses, le maquis et les dunes côtières, uniquement en Méditerranée, cachant sa larve dans les débris du sol. Le **Fourmilion commun** (2) vit en lieux secs et dégagés ; sa **larve** (3) construit un piège en forme d'entonnoir pour attraper fourmis, araignées, etc.

CRIQUETS

12 à 54 mm *Acridés*

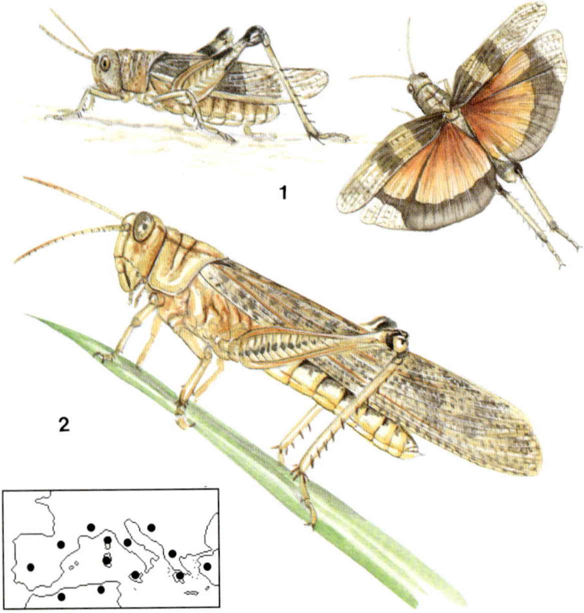

Ces grands insectes verts ou bruns, à deux paires d'ailes, ont de longues pattes postérieures adaptées au saut. Leurs ailes antérieures longues, étroites et coriaces, protègent les ailes postérieures, membraneuses. Ils possèdent une tête étroite, de grosses mandibules, des antennes courtes et robustes.

La plupart vivent dans l'herbe et s'en nourrissent. Les mâles, de préférence le jour et plus fort par temps ensoleillé, émettent une stridulation basse en frottant la surface rugueuse de leurs pattes arrière contre leurs ailes antérieures. Ils cessent dès qu'ils sont dérangés pour sauter ou s'envoler.

Présents dans toute la Méditerranée : prairies, plaines et montagnes, bois d'essences mixtes, zones rocheuses et sèches, garrigue et régions marécageuses.

On trouve un grand nombre d'espèces en Europe, uniquement méditerranéennes pour certaines. Les **Criquets à ailes rouges** (1) ou bleues vivent dans les lieux secs et chauds, les coteaux pierreux et les vignobles ; ils s'envolent en cas de danger, exposant alors leurs ailes postérieures colorées. Quelques espèces sont nuisibles, tel le **Locuste** (2) qui peut atteindre 54 mm de long.

SAUTERELLES

Tettigonidés

20 à 40 mm

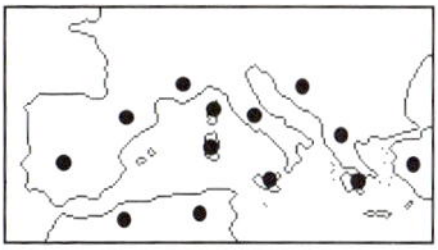

2

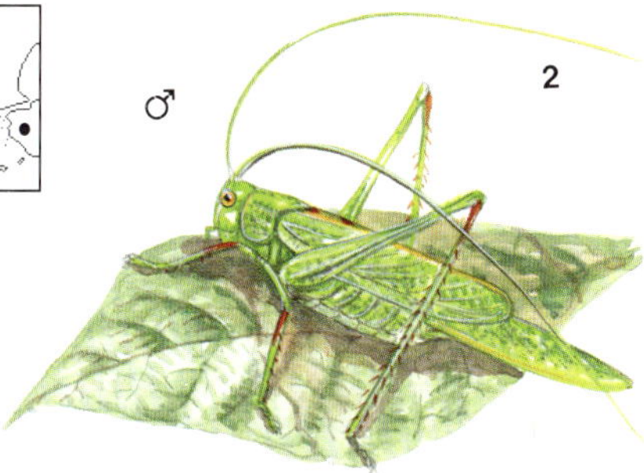

1

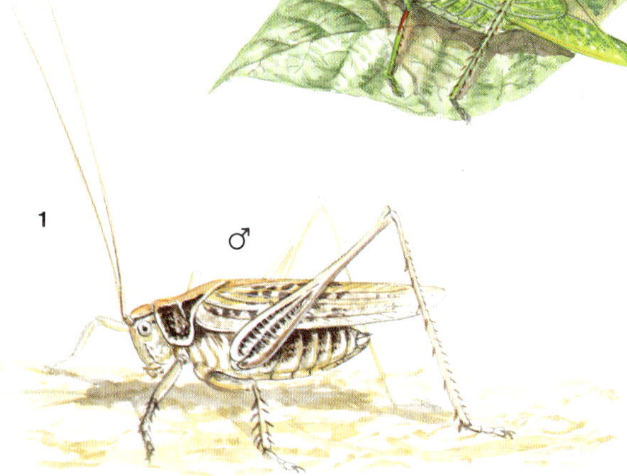

Ces grands insectes verts possèdent de longues pattes arrière et deux paires d'ailes. Certaines espèces ont des ailes très courtes, d'autres, de longues ailes antérieures étroites et coriaces et des ailes postérieures membraneuses. Les antennes sont fines et longues, souvent plus grandes que le corps.

Omnivores, ils se nourrissent de plantes et d'autres insectes. Le mâle « chante » au crépuscule et pendant la nuit depuis sa place favorite : un buisson. On le repère facilement avec une lampe-torche. Quelques espèces chantent le jour. Chacune d'entre elles a un chant spécifique, simple et répétitif.

Elles fréquentent, dans l'ensemble de la Méditerranée, surtout les buissons, les arbustes et les haies, mais aussi les zones herbeuses et sèches, la garrigue, le maquis, les lisières de bois, les prairies humides, au bord des rivières.

La majorité des espèces européennes est établie dans le Sud. Le **Dectique gris** (1), qui vole avec aisance, vit dans les lieux chauds et secs ; c'est l'une des rares espèces diurnes, les mâles chantant l'après-midi et le soir. La **Sauterelle à quatre points** (3) chante surtout la nuit, dans les buissons. Presque toutes les sauterelles femelles présentent une tarière au bout de l'abdomen.

CIGALES

jusqu'à 4 cm de long et 75 mm d'envergure *Cicadidés*

Noirâtres, ces grands insectes présentent deux paires d'ailes membraneuses repliées en toit au repos. Leurs ailes antérieures sont deux fois plus longues que les postérieures. Elles sucent le suc des plantes.

Le mâle, posté sur un buisson ou un arbre, chante tout le jour pour attirer les femelles. La **nymphe** (1) se développe sous terre, se nourrissant du suc des racines. Une fois pleinement développée, elle grimpe sur un arbre pour se métamorphoser en adulte (on peut voir les mues pendre des arbres).

Nombreuses espèces dans le sud de l'Europe et en Méditerranée, dans les bois de conifères et d'essences mixtes à feuillage caduc, le maquis, les vignobles, sur les arbres ou sur les poteaux des clôtures en zones urbaines.

La **Cigale rouge**, adulte (2), est une grande espèce peuplant les vignobles du centre et du sud de l'Europe ; le mâle chante très fort. Encore plus grande, *Tibicen plebejus* vit près des pins. *Cicadetta montana*, plus petite, est très répandue en Europe et se nourrit d'une grande variété de plantes ; le mâle chante assez faiblement, passant de ce fait facilement inaperçu.

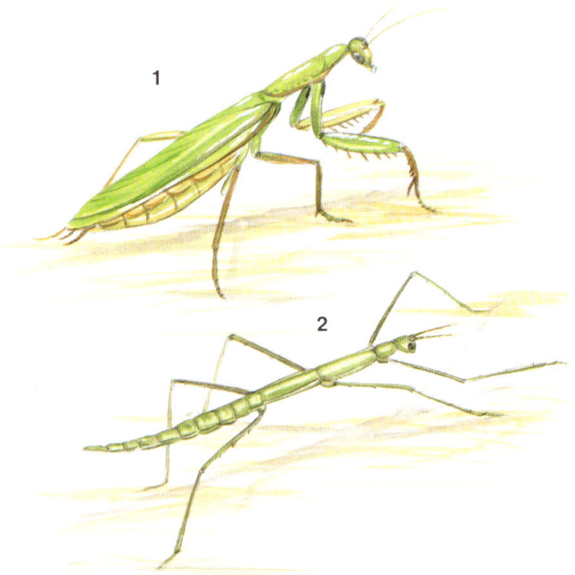

1

2

Mantes
Ces insectes verts ou bruns, à long corps cylindrique coriace et aux antennes longues et fines, font 75 mm. Leurs ailes postérieures membraneuses sont recouvertes au repos par les ailes antérieures coriaces, et leurs pattes avant, très grandes, sont faites pour saisir des proies. Ils vivent ainsi camouflés, immobiles, tapis au creux des buissons dans les prairies sauvages, le maquis et la garrigue. Les mâles sont parfois attirés la nuit par la lumière. On dénombre environ 18 espèces, parmi lesquelles la **Mante religieuse** (1) est la plus commune, en Europe centrale, en Europe du Sud et en Méditerranée.

Phasmes
Insectes mesurant 8 cm, ils sont semblables à des morceaux de bois vert, aux corps et pattes longs, aptères. Le jour, ils restent immobiles, bien camouflés dans les buissons et arbres, ne se déplaçant la nuit que pour se nourrir de feuilles. Ils vivent dans les lieux secs et chauds comme le maquis et la garrigue, les haies et les zones herbeuses. La plupart sont tropicaux, même si plusieurs espèces vivent en Méditerranée et au sud de l'Europe, tel le **Bacille de Rossi** (2), l'un des plus communs.

ARAIGNÉES

jusqu'à 2 ou 3 cm, souvent inférieur *Arachnidés*

1

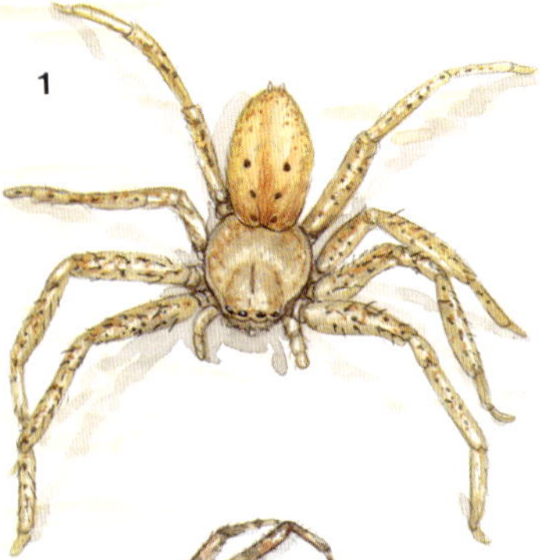

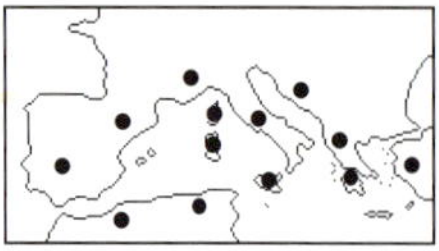

2

3

Le corps des araignées se compose de deux parties : la « tête » et l'abdomen. La première est constituée d'yeux multiples, de crochets venimeux, de palpes et de quatre paires de pattes. L'abdomen, grand et mou, comporte quatre filières à son extrémité, qui produisent un fil soyeux et collant.

Elles choisissent des habitats très divers : sous les pierres, dans les arbres et arbustes, sur le sol et dans les bâtiments. Certaines vagabondent, mais beaucoup tissent une toile sur laquelle elles vivent, servant également de piège à insectes. La forme des toiles, très variable, va de l'entonnoir à la sphère.

Abondantes dans toute la Méditerranée, certaines espèces sont propres à la région et demeurent introuvables plus au nord. Tous types d'habitats : bois, maquis, garrigue, prairies ou zones plus urbaines (villes et jardins).

Le **Micrommate à tarses spongieux** (1) vit dans les arbres et les arbustes tout autour de la Méditerranée. Beaucoup d'araignées « sauteuses » sont propres à cette région, comme ***Menemerus semilimbatus*** (2), qui vit sur les pierres et les troncs d'arbre. ***Uroctea durandi*** (3) se tient sous les pierres, dans la garrigue. Ces trois espèces sont relativement grandes.

AUTRES ARAIGNÉES

3

1

4

2

Épeire fasciée (1)
15 mm pour le mâle et 4 mm pour la femelle : cette espèce est très identifiable. La femelle tisse une toile sphérique parmi la végétation, près du sol, avec des fils distinctifs tissés en zigzag. Dans les prairies à buissons en Europe centrale et du Sud, les maquis et la garrigue en Méditerranée.

Tarentule de Narbonne (2)
Longue de 22 à 27 mm, cette tarentule vit dans les zones arides et la garrigue de la Méditerranée. Elle guette souvent à l'entrée de son terrier. Au sud de l'Espagne, on l'appelle la *tarentula*, à la morsure douloureuse mais non létale.

Malmignathe d'Europe (3)
Apparentée aux Veuves noires américaines, sa morsure est plus dangereuse. Sa toile, enchevêtrée, est tridimensionnelle. Elle vit dans les terres en friche et les lieux dégagés de la Méditerranée.

Araignées mineuses
Beaucoup vivent en Méditerranée, mais une seule (*Atypus*) vit aussi au nord de l'Europe. Elles s'abritent dans des terriers obstrués par une porte servant de piège, dans les talus et les friches. Elles ressemblent, en plus petit, aux araignées prédatrices d'oiseaux. La **Mygale maçonne** (4) vit dans le sud de la France.

SCORPIONS

jusqu'à 8 cm *Scorpionidés*

1

2

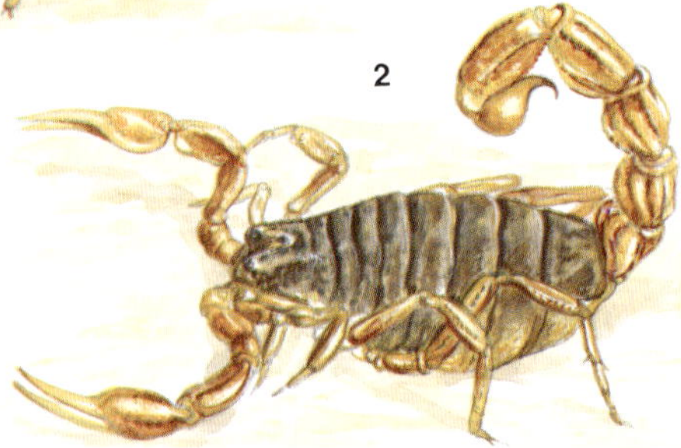

Son corps dur, segmenté et aplati, est divisé en deux parties : céphalothorax et abdomen. Le premier porte une paire de longues pinces et quatre paires de pattes articulées. Les cinq derniers segments de l'abdomen, rétrécis, se terminent par un aiguillon bulbeux.

Nocturne, le scorpion chasse des insectes pendant la nuit en utilisant ses pinces et son aiguillon. Le jour il se cache dans les crevasses, sous les pierres, etc. La femelle porte ses rejetons sur son dos tant qu'ils sont très petits.

L'ensemble des espèces est principalement tropical, bien que quelques-unes fréquentent la Méditerranée, couvrant le sud de l'Europe et les îles. Dans la nature, elles vivent en milieu aride et pierreux ou dans les villes et les villages.

L'espèce européenne la plus commune est le **Scorpion domestique** (1), au corps noir (3-4 cm), vivant dans les crevasses des murs et des bâtiments ; il est inoffensif pour l'homme. Le **Scorpion européen** (2), au corps jaune (8 cm) et à la piqûre douloureuse, est dangereux pour les enfants ; il est tapi sous les pierres, dans les lieux secs. On les rencontre en Méditerranée.

MILLE-PATTES ou MYRIAPODES

Chilopodes Jusqu'à 9 cm

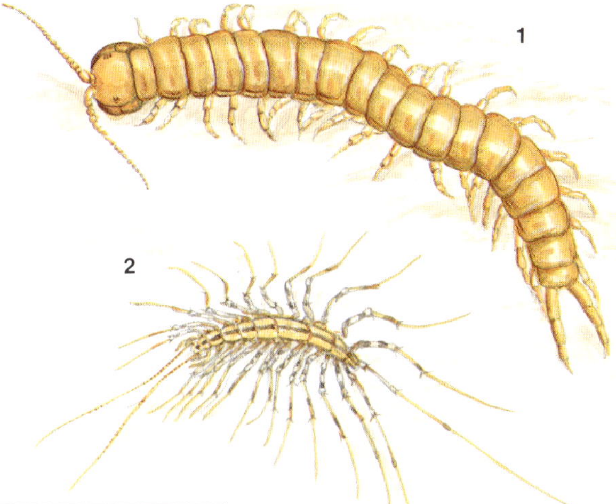

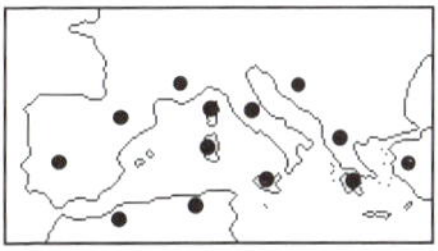

Les mille-pattes ont un long corps flexible, aplati et très segmenté, chaque segment portant deux pattes. Leur tête porte une paire d'antennes. Le premier segment du corps est doté d'une paire de mandibules venimeuses qui fait saillie en avant de part et d'autre de la tête.

Ils chassent les insectes pendant la nuit et se cachent le jour dans une litière de feuilles, dans un bois, un maquis ou sous une pierre. L'endroit, humide, doit néanmoins se trouver en zone aride. Également dans les crevasses des murs. Ils filent en cas de danger et peuvent mordre s'ils sont manipulés.

Ils fréquentent les bois, le maquis, la garrigue, les villes et les jardins. Nombre d'espèces vivent en Europe et dans toute la Méditerranée.

La **Scolopendre annelée** (1) est l'un des plus grands mille-pattes européens (jusqu'à 9 cm) ; sa morsure est dangereuse. Elle vit sous les pierres, dans les prairies arides et pierreuses, les broussailles et la garrigue méditerranéenne. La **Scutigère coléoptrée** (2) atteint 2,5 cm ; elle aime les endroits similaires, mais aussi les murs et constructions d'Europe méridionale.

Index

N'oubliez pas de cocher l'index au fur et à mesure de vos découvertes.

Glossaire

Pour identifier les parties composant un insecte, une araignée ou une fleur, reportez-vous aux illustrations des appendices.

Alterne : Se dit des feuilles insérées de part et d'autre d'une même tige, mais décalées les unes par rapport aux autres.
Arête : Longue barbe présente sur la fleur d'une graminée.
Baie : Fruit charnu, souvent mou, dans la pulpe duquel sont disséminées les nombreuses graines.
Bractée : Structure semblable à une feuille ou une écaille sur une inflorescence, à l'aisselle de laquelle naît souvent une fleur.
Bulbille : Petit bulbe poussant sur une inflorescence.
Caduc : Se dit à propos du feuillage qui tombe en hiver.
Capitule : Inflorescence formée d'une multitude de fleurs, souvent petites, dépourvues de pédoncules, insérées les unes à côté des autres (ex. de « fleurs » à capitule : aster, bleuet, camomille, chardon, marguerite et souci).
Carnivores : Ordre des mammifères terrestres qui chassent d'autres animaux pour se nourrir. Il comprend notamment les canidés (ex. : chien), félidés (ex. : chat), ursidés (ex. : ours) et mustélidés (ex. : martre).
Chaton : Épi pendant de petites fleurs, qui a l'aspect d'un pompon ou d'une queue de chat.
Cône : Fruit arrondi ou ovoïde, issu d'un conifère, formé d'écailles superposées portant chacune une graine.
Conifère : Plante portant des cônes à la place de fleurs.

Cormus : Analogue à un bulbe, partie renflée de la partie souterraine d'une tige destinée, chez certaines plantes, à stocker la nourriture.
Corymbe : Fleur portée par des pédoncules de toutes tailles, groupées de telle sorte qu'elles forment un cône avec toutes les fleurs sur un même plan (ex. : fleurs du sureau hièble).
Épillet : Nom donné à la fleur des graminées avec ses bractées.
Fleur femelle : Fleur portant une ou des ovaires et par suite des graines, et même des étamines stériles (voir aussi Fleur mâle).
Fleur mâle : Fleur portant des étamines fertiles, et par suite du pollen, lequel fécondera la ou les ovaires d'une fleur femelle (voir aussi Fleur femelle).
Fleuron : Chacune des petites fleurs en forme de tube ou de ligule qui, réunies, forment tout ou partie du capitule ; notamment chez les fleurs appartenant à la famille de la pâquerette.
Foliole : Partie d'une feuille composée (ex. : feuille de l'acacia et du marronnier).
Fruit : Ovaire fécondée et mûrie, contenant les graines. Il peut être sec ou charnu.
Graine : Partie du fruit apte à reproduire la plante.
Inflorescence : Ensemble de fleurs et de bractées formant une unité spatiale : épi, grappe, capitule, ombelle et corymbe.
Insectivores : Ordre des mammifères chassant les insectes et autres invertébrés pour se nourrir (ex. : hérisson, musaraigne et taupe).
Keeled : Il n'y a pas de strict équivalent. S'applique à une graine, une écaille végétale ou animale, etc. Qui a la forme d'une carène de navire, avec une arête médiane.
Lancéolé : En forme de fer de lance ou d'épée.
Ombelle : Inflorescence où tous les pédoncules des fleurs, comme les baleines d'un parapluie, rayonnent d'un même point (ex. : fleur de la carotte).
Opposées : Se dit des feuilles rattachées symétriquement, deux à deux, de part et d'autre d'une tige.
Palmée : a) Se dit d'une feuille divisée en lobes, à la manière d'une main. b) À propos d'une patte sur laquelle la peau est tendue entre les doigts.
Panicule : Inflorescence formée par des fleurs réunies de façon plus ou moins lâche et globalement conique.
Pédoncule : Tige très fine portant une fleur.
Pennée : Se dit d'une feuille divisée en lobes ou en folioles opposés deux à deux de part et d'autre de la nervure centrale.
Persistant : Se dit du feuillage d'une plante qui perdure toute l'année.
Pétiole : Partie rétrécie de la feuille (sa « queue ») qui rattache celle-ci à un rameau.
Rhizome : Tige souterraine traçante, s'enracinant peu à peu.
Rongeurs : Ordre de mammifères partageant certains traits. On les reconnaît à leurs quatre incisives qui poussent continuellement et qui doivent être usées en permanence (ex. : écureuil, rat, souris, campagnol, loir, porc-épic, castor et lemming).
Rosette : Ensemble de feuilles étalées et groupées tout en rond à la base de la tige.
Spathe : Grande bractée renfermant le ou les boutons floraux. Parfois, comme chez l'arum, c'est l'élément marquant d'une fleur.
Verticille : Ensemble de feuilles ou de fleurs réunies en cercle autour d'un axe.

Structure d'une fleur

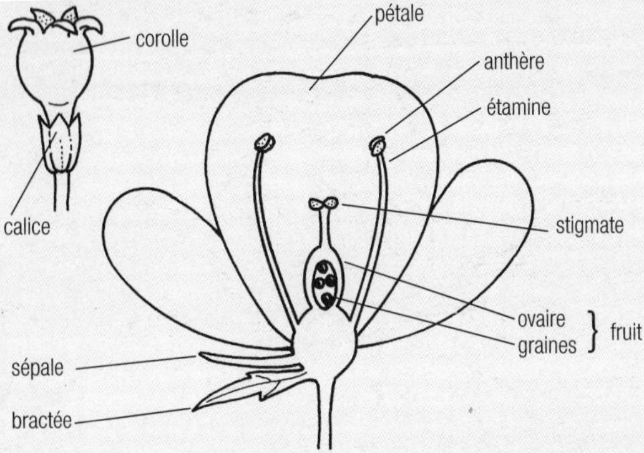

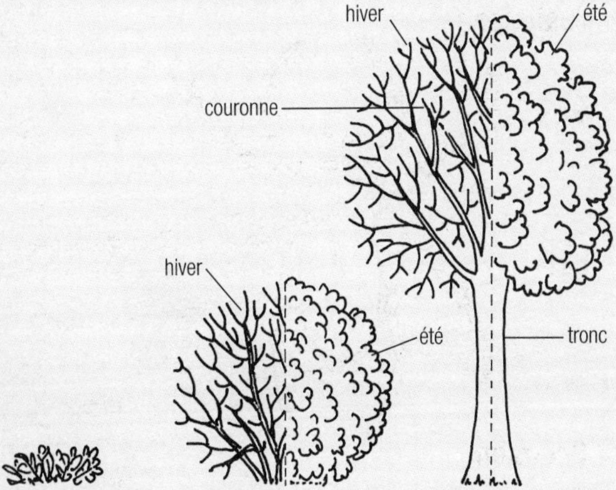

Plante herbacée
A des tiges tendres non ligneuses, rabattues chaque hiver ; la partie qui hiverne est souterraine ou juste au-dessus du sol.

Arbuste
Plante aux mombreuses tiges ligneuses, partant du sol ; feuillage persistant ou caduc.

Arbre
Plante ligneuse ayant généralement un tronc unique, ligneux, épais et rigide (parfois deux ou trois), se ramifiant très au-dessus du sol pour former une cime ; feuillage persistant ou caduc.